医疗设备质量控制检测技术丛书(十二)

医用磁共振成像设备
质量控制检测技术

倪　萍　孙　钢　主编

中国质检出版社
中国标准出版社
北　京

图书在版编目(CIP)数据

医用磁共振成像设备质量控制检测技术/倪萍,孙钢
主编. —北京:中国质检出版社,2016.9
ISBN 978 - 7 - 5026 - 4337 - 9

Ⅰ.①医… Ⅱ.①倪… ②孙… Ⅲ.①磁共振成
像—设备—质量控制 ②磁共振成像—设备—质量检
验 Ⅳ.①TH776

中国版本图书馆 CIP 数据核字(2016)第 182510 号

内 容 提 要

本书主要介绍医用磁共振成像设备的质量控制检测基础知识、基本原理,检测标准器的工作原理、检测方法及检测实例。

本书主要适合从事医疗设备质量控制、磁共振成像系统研究、工程和技术应用人员、医学成像研究人员,阅读使用也可作为医学工程专业及相近专业研究生的参考教材。

中国质检出版社
中国标准出版社 出版发行
北京市朝阳区和平里西街甲 2 号(100029)
北京市西城区三里河北街 16 号(100045)
网址:www. spc. net. cn
总编室:(010)68533533 发行中心:(010)51780238
读者服务部:(010)68523946
中国标准出版社秦皇岛印刷厂印刷
各地新华书店经销

*

开本 787×1092 1/16 印张 13.25 字数 309 千字
2016 年 9 月第一版 2016 年 9 月第一次印刷

*

定价 57.00 元

序

自 20 世纪 70 年代以来,伴随着众多新技术、新设备的涌现,医学影像设备,如 CT、MRI、彩色超声多普勒等已经成为临床诊疗的主要手段、现代化医院的主要标志、医学研究的主要工具。医学影像设备最大的优势是它的无创性、便捷性和直观性。它可以诊断、检查、确定由于疾病损伤造成的功能失常的原因,获取人体内部结构的有关信息,用以了解人体内部病变是否存在,以及病变的大小、形状、范围与周围器官的关系。医学影像设备的广泛应用更是极大地推动了临床医学的进步,在健康管理、重大疾病筛查、疾病的早期诊断、鉴别诊断、确定诊断、疾病严重程度评价、治疗方法选择、疗效和康复情况评价等方面发挥着无可替代的作用。

医学影像设备可以显著地提高临床诊断和治疗的效果,但前提是其质量能得到保证。如果医学影像设备质量差或使用不当,不仅增加了受检者的经济负担,更严重的是可能对受检者的健康带来极大的损害。例如,图像质量差可能造成误诊、漏诊;剂量过大造成正常组织器官损害等。因此,必须保证医学影像设备质量合格、性能优良,以达到最佳的医疗效果,最大限度地减轻对受检者的损害。

自 20 世纪 90 年代末,总后卫生部一直致力于大型医疗设备应用质量检测与保障工作,积极实施全军范围内 CT、MRI 的周期性检测,给卫生行业带了个好头,也确实取得了很好的质量保障效果。军队开展质量检测有三个特点:一是认真学习。按照国家计量检定规程要求,建立相应的计量标准,在放射剂量、辐射标准方面不放松,抓住了"安全"这个关键。二是善于创新。始终以临床诊治需求为牵引,在评价图像质量方面下功夫,盯住了"质量"这个重点。三是贵在坚持。在持续拓展大型医疗设备应用质量检测能力的基础上,坚持周期性的全军范围巡检,守住了计量工作的"底线"。或许就是这三点,让军队大型医疗设备的计量工作走在了同行的前列。

2015 年,全军医学计量测试研究中心组织军队专家,总结了军队二十多年来积累的计量检测经验，编写了"医疗设备质量控制检测技术丛书"，包括《医用诊断 X 射线计算机断层摄影装置（CT）质量控制检测技术》和《医用磁共振成像设备质量控制检测技术》等，从医疗设备结构、质量控制原理、检测设备、检测方法、检测技巧、注意事项等方面，对医院中常用机型的检测问题进行逐一介绍，具有很强的实用性和可操作性。

　　丛书的出版，对提高广大医务工作者的质量安全意识，提高医学工程人员的检测技术水平，保障医疗设备使用安全有效，促进医疗诊治水平，将起到积极的作用。

郭代伟

2016 - 2 - 16

前　言

为配合全军卫生装备(国家称"医疗设备")质量控制工作的实施和推广,并为国家卫计委2010年颁布的《医疗器械临床使用安全管理规范(试行)》提供一些技术支持,全军医学计量测试研究中心组织有关人员编写了"医疗设备质量控制检测技术丛书"。本书作为其中的一个分册,主要介绍了磁共振成像设备、磁共振成像的技术原理和质量控制检测方法。

磁共振成像设备自20世纪80年代初被商品化并进入临床,在不到40年的时间中,MRI技术得到迅速发展,对临床医学特别是影像医学的发展起到了巨大的推动作用,是目前临床不可缺少的重要检查方法之一。磁共振成像既可以提供形态学结构信息,又可以提供生物化学及功能信息,在当今医学诊断技术中发挥着越来越重要的作用。磁共振成像设备作为医院诊断设备的主体组成部分,其性能和质量关乎患者疾病的正确诊断与对症治疗,关系到人们的身体健康和生命安全。为了提高医疗质量,保证设备的良好运行状态及诊断结果的准确可靠,降低医疗风险,保证医疗安全,就需要加强磁共振成像设备的规范管理,即对设备的质量控制和质量保证提出要求。

本书共分十章。第一章主要介绍了磁共振成像设备的类型与发展趋势。第二章介绍了磁共振成像设备的组成与主要性能指标。第三章介绍了磁共振成像的技术原理及常用脉冲序列。第四章介绍了磁共振成像新技术。第五章介绍了磁共振成像设备的扫描程序、参数的设定等基本操作。第六章介绍了磁共振成像的生物效应、安全性及患者的筛查。第七章介绍了磁共振成像常见的伪影及其克服办法。第八章介绍了磁共振成像设备质量管理的相关标准及质量控制的主要指标。第九章介绍了磁共振质量检测设备、应用质量参数的检测原理、使用SMR170与ACR体模检测方法、临床照片的抽取及应用质量检测评审。第十章以三款磁共振成像设备为范例,逐一介绍了检测系统的搭建、检测步骤、检测结果的处理分析及检测中的注意事项。

本书内容通俗易懂,主要阅读对象为从事医疗设备质量控制、磁共振成像设备研究、工程和技术应用人员、医学成像研究人员,也可作为医学工程专业及相近专业的研究生参考教材。

参与本书编写的人员均为一线检测人员,具有丰富的磁共振成像设备应用及检测经验。本书编写过程中,美国印第安纳大学医学院磁共振物理师林辰教授不仅提供了大量的资料,还对本书提出了宝贵意见和建议,在此表示衷心感谢!同时得到了总后勤部卫生部药品仪器检验所、福建医科大学附属协和医院、福建省肿瘤医院等单位同行的大力支持,第三军医大学生物医学工程学院张伟峰、李良杰、马骏驰,步兵第八十六师杨雨、林超在编写过程中也做了大量的工作,一并表示衷心的感谢!

由于作者水平有限,加之时间仓促,书中难免存在错误和疏漏,敬请批评指正。

编者
2016 年 2 月

目　录

第一章　磁共振成像设备

磁共振成像(Magnetic Resonance Imaging,MRI)作为医学影像学的核心技术之一,是医学影像学发展史上的最重要的一次革命。自20世纪80年代初MRI设备被商品化并进入临床,在不到40年的时间中,MRI技术得到迅速发展,其硬件平台和软件技术不断更新,对临床医学特别是影像医学的发展起到了巨大的推动作用。MRI是目前临床不可缺少的检查方法,它既可以提供形态学结构信息,又可以提供生物化学及代谢信息,在当今医学诊断技术中占有绝对优势。

第一节　磁共振成像概述

一、磁共振成像的发展历史

1946年,美国物理学家哈佛大学的E. M.珀塞尔(E. M. Purcell)和斯坦福大学的F.布洛赫(F. Block)在探索原子奥秘时,几乎同时发现磁共振现象,即一纯净物质样品在外加主磁场作用下,经与主磁场垂直且具有一定频率的射频脉冲激励,当射频脉冲停止后,原子核发出与激励脉冲频率相同的射频信号。为此,两位科学家共同荣获了1952年的诺贝尔物理学奖。这标志着MRI技术的开端。

在之后的25年中,磁共振技术主要被应用于分析物质的分子结构及原子核处在不同化合物中共振频率的差异。1950年E. L.哈恩(E. L. Hahn)发明了哈恩自旋回波序列;1953年美国瓦里安(Varian)公司生产出由珀塞尔和布洛赫共同研制的世界上第一台商品化永磁型磁共振波谱仪;1964年,第一台超导型核磁共振波谱仪诞生,磁场强度由0.7 T提高到4.7 T,分辨率及灵敏度也大大提高;1966年R. R.厄恩斯特(R. R. Ernst)等提出快速傅立叶变换原理,并通过在磁共振矩阵上建立相位及频率坐标来完善傅立叶变换处理过程,同时发现了敏感度最佳的厄恩斯特倾角,对以后的快速扫描技术起到了十分重要的作用;1977年生产出第一台利用快速傅立叶变换的磁共振波谱仪;25年后,厄恩斯特等获得了1991年的诺贝尔化学奖。

1970年,美国纽约州立大学的R. V.达马迪安(R. V. Damadian)首先发现老鼠肿瘤组织和正常组织的磁共振信号及弛豫时间不同,且不同正常组织弛豫时间也有差异,并说明它在医学诊断上的意义。该发现发表在1971年《科学》杂志上,它奠定了MRI的基础。1972年美国纽约州立大学的P. C.劳特伯(P. C. Lauterbur)提出应用磁共振信号可以建立图像,并设计和完善了用梯度磁场加在均匀主磁场内并逐点诱发磁共振信号,产生二维MRI的反投影重建方法,并用两个充水试管得到第一幅磁共振图像,该论文发表在1973年的《自然》杂志上,并用此法在1974年得到了活鼠的磁共振图像。英国诺丁汉大学的P.曼斯菲尔德

(P. Mansfield)进一步发展了有关在稳定磁场中使用附加的梯度场的理论,为 MRI 技术从理论到应用奠定了基础。为此在 2003 年,74 岁的劳伯特和 70 岁的曼斯菲尔德共同荣获诺贝尔生理学或医学奖。

1977 年达马迪安与他的实验小组经历了 7 年时间设计制造出第一台全身 MRI 系统。他亲自经过 4h 45min,移动 106 次后得到了第一幅胸部轴位质子密度加权成像。虽然图像质量很差,但它标志着 MRI 系统的诞生。1983 年,美国通用电气公司(GE)生产出一台既能用于成像又能用于波谱分析的 MRI 系统。随后,MRI 系统的设计及临床应用进入了迅猛发展的阶段,各大医疗设备公司纷纷投入大量技术力量进行 MRI 设备的研制和生产。

为了与使用放射性元素的核医学相区别,突出 MRI 这一检查技术不产生电离辐射的优点,临床医生建议把核磁共振成像(neuclear magnetic resonance imaging,NMRI)称为 MRI。随着 MRI 系统硬件和软件的不断发展,MRI 图像质量不断提高,多种新技术层出不穷,在临床应用日益广泛。

二、磁共振成像的特点

1. 多参数成像

MRI 可以提供组织脏器的解剖结构及丰富的生理、生化信息。一般医学成像技术如 CT、超声等是单一的参数成像,只能反映组织解剖学信息。MRI 技术是多参数成像,它可以得到质子密度、纵向、横向弛像时间及分子扩散信息等,还可以对原子核进行波谱分析、对组织代谢及化合物进行定量分析。

2. 可以进行任意方位断面成像

MRI 可以直接显示人体冠状位、矢状位、轴位等任何方向的层面图像,可全面显示被检器官和组织的结构。

3. 不用注射对比剂即可进行血管成像

MRI 可以利用流动质子特性,不需要注射对比剂即可显示血管影像,使血管成像成为无创检查。

4. 无电离辐射

MRI 检查只存在与生物系统产生微弱相互作用的磁场,无射线或放射性核素产生的损伤,它所使用的射频波长在 1 m 以上,能量较低,对人体无辐射损伤。

5. 软组织分辨率高

MRI 检查提高了发现脊髓、椎管、颅颈结合处及后颅窝病变的能力,可清楚地分辨肌肉、脂肪等软组织。

6. 无骨性伪影

与 CT 相比,MRI 无骨性伪影。

三、磁共振成像的局限性

1. 扫描时间长、费用较高

MRI 技术自身的限制,其成像速度比起 CT 等影像检查时间相对较长。磁共振设备比较昂贵,维护费用高,检查费用相应也较高。

2. MRI 信号易受多种因素的影响

MRI 图像受多种因素的影响,容易产生伪影。可以这样说,每一幅磁共振图像都存在伪影。

3. 禁忌症多

由于 MRI 利用强磁场及射频场进行成像,对体内含有金属异物(如起搏器、动脉瘤夹)的患者不能进行 MR 检查。对于危重患者也不宜做 MR 检查,以免发生意外;昏迷躁动或有幽闭恐惧症的病人常不能完成检查。

4. 与 CT 相比,对钙化灶不敏感

部分组织修复的结果为钙化,如肿瘤钙化等。钙化组织内的质子密度非常少,所以一般 MRI 的信号无论在 T1 还是在 T2 加权像上,均表现为黑色低信号区。发现钙化 MRI 检查不如 CT 敏感,小的钙化不易发现,大的钙化还需与铁的沉积等现象相鉴别。

第二节　磁共振成像设备的类型

MRI 技术的发展,经历了主磁场强度由低到高、从永磁型磁体到超导型磁体的过程。从结构成像到功能成像,MRI 功能越来越强大。MRI 系统有多种分类方式,根据主磁场的产生方法可以分为永磁型、常导(阻抗)型、混合型、超导型;根据成像范围可以分为局部(头、关节等)MRI 和全身 MRI;根据用途可以分为专用型 MRI(如心脏专用机、介入专用机等)和通用型 MRI;根据磁场强度可以分为低场强(<0.5 T),中场强(0.5 T~1.0 T),高场强(1.0 T~2.0 T)和超高场强(>2.0 T)。

目前,鉴别磁共振系统的最简便的方法是依据磁共振系统的设计:管腔型系统、开放式系统以及特殊系统。

一、管腔型系统

管腔型系统的磁场位于磁体腔内,这些系统被称为全身系统(图 1-1),可以进行全身各部位的检查。这种设计的优势是磁场强而均匀,其缺点是空间有限,检查中病人必须位于磁体腔内,病人在磁体腔内会有幽闭的感觉或其他不适,儿童则会有被遗弃的感觉。磁共振检查过程中,可能会进行外科介入操作,在介入操作前,病人必须移出磁体腔一段距离。

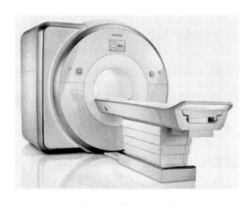

图 1-1　管腔型系统

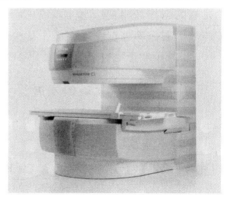

图 1-2　开放式系统

二、开放式系统

管腔型系统固有的缺陷促进了开放式系统的开发,使病人更容易接受。与管腔型系统相同,开放式系统也可以进行全身各部位的检查(图 1-2)。此外,开放式系统非常适合介入操作,例如关节的运动检查。开放式磁共振系统可以从三个方向进入,与管腔型系统相比,这种设计的局限性是磁场强度低、均匀性较差。

三、特殊系统

在临床领域,特殊系统主要用于四肢和关节的检查(图 1-3)。特殊临床系统的特点是低磁场,限定于其应用部位。特殊系统还可以用于研究领域,例如较小孔径的高磁场设备可用于动物检查。

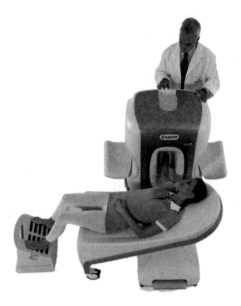

图 1-3　用于四肢关节检查的特殊系统

第三节　磁共振成像设备发展趋势

受益于高科技特别是计算机技术的飞速发展,MRI 设备近年来呈现出飞速发展的态势,体现为超高场、短磁体、开放性以及低损耗等方面的高性能磁体、高性能的双梯度系统以及减低涡流、静音降噪技术,多通道相控阵线圈以及并行采集技术等,提高了图像信噪比,缩短了扫描时间,为许多新技术在临床的运用奠定了硬件的基础,很好地解决了困扰临床很长时间的伪影、心血管成像等难题,满足了临床与科研的需要。高性能的计算机系统、后处理工作站、DICOM3.0 兼容以及人性化的操作界面是 MRI 设备另一特点。

MRI 已经成为一种成熟的、重要的临床成像方法,不仅仅因为它能根据诊断需要提供成像组织灵活多样的对比度,而且通过磁共振技术可以进行解剖和生理学的研究。近年来,随着各种硬件和高级临床应用软件层出不穷的创新,磁共振扫描的技术和临床应用都呈现加速发展的态势,磁共振一直面临的临床和科研领域的一些难题,如伪影问题、心血管成像、功能与分子影像等也有较大突破。其中起到关键作用的技术集中在超导技术、数字信号处理、并行采集技术、网络化等。

一、磁共振成像设备的发展

磁共振硬件技术的发展主要体现在高性能磁体、双梯度系统、多通道相控阵线圈以及并行采集技术等,提高了图像信噪比,缩短了扫描时间。

1. 磁体的发展体现为超高场、短磁体、开放性以及低损耗等方面

临床应用上磁共振系统的静磁场强度在 0.2 T 到 3 T 之间,低场开放永磁和高场超导的磁体并存,目前已经有 0.7 T 的开放磁共振,更高磁场强度的磁体也在不断的开发,有

4 T、7 T 甚至 9.4 T 的磁共振已经用于科研。

（1）高场超导磁体

超导磁体的性能不仅体现在磁场强度的提高上，而且还包括磁场屏蔽、匀场技术、液氦消耗成本的降低、制冷剂检测等方面。总体来说，磁体性能的提高以尽量少的液氦消耗、尽可能低的杂散磁场、容易安装维护为标志。磁体的制造者不断改进设计，随着基础匀场和动态线性、动态高阶匀场技术的不断发展和成熟，在保证磁场均匀度的同时，超导磁体可以做得更短、更开放、更人性化。在磁屏蔽上，有源屏蔽已经普遍使用，使杂散磁场更小，高场磁共振对场地的要求降低，现在的 3 T 只需要过去 1.5 T 所要求的面积。液氦消耗随着磁体制造工艺的改进已经降到很低，如有的超导磁体采用了使磁体高稳定运行的 4 K 冷头，再辅以高效的保温设计，正常情况下可以做到三年加一次液氦。另外，人们已经发现了临界温度在 100 K 的超导材料，如果将这些高温超导材料用于超导磁体的制造，那么 MR 磁体将告别液氦冷却时代，改用液氮即可，费用也就随之大大降低。另外各厂家在磁体的安全性能方面采取了许多措施，如使用实时磁体动态监测技术，对磁体的运行过程的各种数据如温度、压力、液氦面等进行采集，便于及时了解磁体的状况，一旦出现异常会及时报警，使发生失超的可能性降至最低，大大提高了超导磁体运行的可靠性和安全性。

（2）低场开放永磁体

在超高场磁共振不断发展成熟之际，低场的开放永磁型磁体也在迅速发展，它有许多高场所无法取代的优点，如：不需要消耗液氦，运转费用低廉；噪声小，化学位移伪影小，射频能量的吸收也少；克服了幽闭恐惧症，便于儿童和重症患者的监护以及介入的开展。为了在开放的同时追求更高的信噪比、更快的成像速度，一方面提高永磁体场强和梯度、射频等的硬件指标，另一方面，高场的许多脉冲序列被移植到低场中，许多高场的功能也可以在开放型低场磁共振中得以实现。随着硬件软件配置全面升级，现在的低场永磁磁共振与传统的低场磁共振相比，图像质量有了较大提升，其性能和临床诊断移植了除波谱和脑功能成像外的所有高场磁共振的功能。开放磁共振自 20 世纪 90 年代推出后，取得了良好的市场效果，特别在我国偏远地区及中小医院依然具有广阔的市场。

由于人们对介入 MRI 和运动医学中动态研究兴趣的增加，为各种成像目的专门设计的 MRI 系统不断出现，如车载可移动的磁共振系统便于体检，还有乳腺专用机、心脏专用机、四肢关节专用机以及介入治疗专用机等，用于手术导航的磁共振已经用于临床。随着人性化设计理念的深入人心，开放系统还将继续强劲发展。

2. 高的信噪比及短的扫描时间

理想的信噪比和快速的扫描速度一直是人们多年来不懈追求的目标。众所周知，磁场强度越高，信噪比越高，扫描时间越短。由于高场磁共振在信噪比、分辨率、扫描时间上占有优势，1.5 T 磁共振对组织和病变的显示、对微细结构和微小病变的显示检出率优于中低场磁共振，同时缩短了患者的检查时间，另外还可以开展波谱、功能成像的研究，已经成为当前市场的主流。然而人们并未满足于 1.5 T 所带来的成熟丰富的临床应用经验，开始对 3 T 磁共振产生很大的兴趣。全身超高场磁共振在临床应用和科学研究中具有一系列的优点，如信噪比更高，功能与分子成像的结果更可靠，更有利于心脏和冠状动脉成像等。现在的第三代 3 T 磁共振已经解决了超高场磁共振面临的许多挑战和局限，例如双梯度线圈的采用使梯度系统的性能大大提高,新的磁体技术实现全身检查所必需的大而有效的扫描视野,真空降噪技术等的应用有效解决了噪声问题,磁体的自屏蔽技术使 3 T 磁体对场地的要求只相当于 20 世纪 90 年代初期的 1.5 T 磁体,脉冲序列的优化有效地控制了射频能量的吸收,同时多通道相控阵线圈以及并行采集技术的成熟应用克服了 3 T 大量数据的接收、传输及处理的瓶颈问题。目前 3 T 超高场磁共振已经成为成熟的临床和科研的高级双重平台,是未来磁共振市场最快的增长点。

3. 梯度系统向高性能的梯度方向发展

梯度场强度、梯度切换率和爬升时间是梯度系统重要的性能指标,它决定了最小层厚、最短的回波时间以及重复时间等,不仅影响成像时间,而且决定图像的空间分辨率。梯度系统的发展主要朝着高线性与快速响应的方向发展,以适应快速扫描序列中梯度脉冲快速上升和翻转的需要,目前梯度场强度已达到 30 mT/m～40 mT/m,有的甚至达 60 mT/m,梯度切换率达到 200 mT/(m·s)或更高。

为了追求尽可能快的扫描速度,各公司都不断提高梯度场强度和梯度切换率。由于梯度场的快速开关会对人体造成刺激,包括快速切换产生洛伦兹力带来的强大噪声,以及人体感应电流对神经末梢的电刺激等,因此它的发展有个极限,必须在受检者的生理忍受的安全极限之内。线圈越短,临床检查的安全范围越大,也就是说对于较短的梯度线圈,可以实现较高的梯度性能。涡流是梯度系统设计中令人头痛的问题,它严重影响磁场的均匀度,导致图像的伪影,而且涡流导致磁体发热,增加了液氦的消耗。人们采取各种方法降低涡流,如采用特殊磁体结构,或用高阻材料来制造磁体,从而减少涡流。噪声问题近年也已引起各厂家重视。梯度线圈工作时在主磁场作用下产生洛伦兹力,会使线圈在梯度场切换期间剧烈振荡,发出很大噪声。现代临床成像要求常规地运用超快速的成像序列如 DW-EPI、FRFSE等,这些都依赖于很高的梯度场强度和梯度切换率。高性能梯度带来更大噪声,有的达到一百多分贝,高技术序列正是影响病人安全的噪声的根源,这不仅会造成病人的不适和恐惧,而且对听力造成损害。静音技术正是平衡考虑到这些高端应用和病人的安全性与舒适性,其核心主要包括以下几个方面:一是真空腔,噪声通过空气的振动而传播,真空是隔绝声音传导的最有效措施,把梯度线圈置于封闭的真空腔内,以阻断噪声的传播途径,因此大大减少了传递到病人的噪声水平;二是采用有源噪声控制技术,即采集目标区域的噪声进行分析,在此基础上生成一个方向相反强度相等的声音信号,使之与原噪声相互抵消;三是有的通过改进脉冲序列达到降低噪声的目的。另外,有的公司采用降阻尼材料的特殊设计应用使噪声阻尼材料整合在发射接收的射频系统中,进一步提高降低噪声的效果。

4. 射频系统朝多通道相控阵线圈、并行采集技术及数字信号处理的方向发展

磁共振射频系统由射频线圈(RF coil)、发射接收系统、射频功放等组成。线圈是磁共振系统信号采集的设备,其灵敏度直接关系到图像的好坏。它的发展已经从线极化到圆极化,从单通道到多通道相控阵甚至全景一体化线圈,从硬到软,从体外到腔内。这几年来,在磁共振设备中,射频线圈得到飞速发展,比如肢体血管成像多通道线圈、带有光刺激的脑功能成像线圈、心脏相控阵线圈、前列腺线圈、经鼻插入的食管线圈,以及经导管插入的血管内线圈等。有的公司推出"靶线圈"技术,针对不同部位的生理特点而专门设计线圈,这是射频线圈发展的方向。

（1）相控阵线圈技术

相控阵线圈技术的研制最早用来使表面线圈在保持线圈固有信噪比的同时使获得的图像信号强度一致，在它的基础上研制的并行采集技术是当前磁共振发展技术的一个热点，是磁共振梯度编码形式的有利补充。众所周知，成像速度由梯度系统的性能决定，然而梯度系统硬件不可能无限制的提高，受到噪声、周围神经刺激阈值以及制造成本、制造工艺的限制，当它的发展几乎到达一个极限时，多线圈并行采集技术的出现并在临床检查中的成功应用无疑起到一个"山穷水尽疑无路，柳暗花明又一村"的效果，令人激动不已。

（2）并行采集技术

并行采集技术利用与接收线圈敏感特性相关的空间信息，通过增加笛卡尔傅立叶成像K空间中采样线的间距，减少相位编码采样步数，保持K空间大小不变，使扫描时间在保持成像空间分辨率的情况下得到减少。常见的有SENSE、SMASH、ASSET、iPAT等，并行采集技术是在对成像空间分辨率及信噪比影响不大的前提下，缩短扫描时间，从而降低腹部扫描时屏气的时间，提高时间分辨率，缩短回波间隔，减少图像模糊及扭曲。在扫描时间不变的情况下，它可以提高成像的空间分辨率或增加扫描层数，这在对比增强磁共振血管成像的扫描中特别重要，可以在造影剂团注后首过时得到更高分辨率的图像。在实际的临床应用中它的应用十分广泛，特别在腹部成像、心脏成像、脑功能成像、弥散加权成像等要求快速扫描的序列取得良好的效果。对于超高场（3 T及以上）磁共振系统，多线圈并行采集技术的应用不仅仅使得成像时间缩短，更重要的是它使成像所需的射频脉冲的数量减少，减少病人对射频能量的吸收（特别在腹部扫描时），解决了超高场磁共振在SAR值限制上所面临的难题。随着多通道线圈的进一步开发和完善，以及软件算法的不断改进提高，相信并行采集技术也将得到进一步的完善，其临床应用将越来越广泛。

（3）数字信号处理

射频系统的发射接收已经实现了全数字化和多通道。在过去几年里，由于梯度系统的性能大大提高，梯度线圈的切换极快，同时磁场强度不断提高，超高场磁共振的逐步推广，导致对信号数字化处理的速度要求更高。先进的数字信号处理（DSP）方法允许采用一种新的方法处理时域的编码数据，硬件上随着模数转换速度的提高，数字信号处理方法使得磁共振信号以更高的频率采集，具有更好的保真性。磁共振系统不仅实现了全数字化发射和信号接收，而且多路射频接收信号同时接收和传输，高密度"靶向性"线圈和特定的脉冲序列，加上高性能的高速成像链，避免了成像过程中的瓶颈效应，实现了最佳的信噪比、分辨率和采集速度。某公司的HDMR就采用了全程32通道可扩展带宽高性能超高速的成像链，配备了强大的均衡的阵列处理技术，使成像链更加均匀，实现了线圈元素-接收通道-处理器的1-1-1均衡成像链，真正实现了射频发射、信号接收、数据处理的数据直通。

二、其他辅助的性能特点

1. 先进的数据管理及适应医院信息化网络建设的要求

随着许多快速成像技术的广泛应用，如多通道并行采集技术等，在提高信噪比、加快扫描速度的同时需要计算机处理、存储大量的数据，当今及未来的磁共振系统对计算机的性能要求进一步提高，大多采用速度高、体积小、大容量、多任务的工作站作为主机。同时磁共振系统还配备专门的工作站用作专门的图像后处理、三维显示、三维重建等,同时为整个系统提供高效、强大和灵活的数据管理功能,允许图像数据以通用的数据格式输出到便携的媒体如 CD-ROM、DVD 上,可以在家用电脑上读出图像,便于病人的会诊,更有利于学术上的交流。

近年来,随着数字化成像技术、计算机技术和网络技术的快速发展,各大医院的数字化建设的步伐越来越快,影像存储与传输系统(Picture Archiving and Communication Systems,PACS)已在国内大多数医院迅速发展并日益成熟,它全面解决了医学图像的获取、显示、存储、传输和管理。医学数字成像和通信标准 DICOM3.0 是美国放射协会和美国电器制造商协会联手制定的、第一个广为接受的全球性医学数字成像和通信标准,目前几乎所有的 MRI 系统都是 DICOM3.0 兼容的,这样便于接入 PACS 网络。

医院网络化建设可以使得磁共振检查病人的信息登记、预约、收费在网络中实现,避免重复输入信息,甚至可以事先根据病人情况选择好相应的扫描序列,缩短检查时间。通过互联网,还可以实现不同场地间扫描序列的共享,生产厂家也可以对设备进行远程的诊断和维护。

2. 人性化的设计理念已经深入人心

磁共振的设计者不仅在磁体的设计上追求人性化,如尽可能的开放、短磁体,各种降噪技术,界面更友好,颜色更加鲜艳,提供受检者一个舒适温馨的成像环境,而且各种功能按钮、过程显示、对讲系统等的设计也均体现了人性化原则。同时,操作控制台继续朝窗口式、鼠标控制的图形用户界面发展,许多主要的磁共振生产厂商将操作系统从 UNIX 平台移植到 WINDOW 平台,使操作更通俗易用。另外高分辨的液晶显示器已经取代传统笨重的 CRT 显示器。

3. 先进的临床应用层出不穷

磁共振技术的飞速发展归根到底还是为了解决一直面临的临床和科研领域的一些难题,如伪影问题、心血管成像、功能与分子影像以及 MR 介入等,这是磁共振发展的根本。磁共振技术的发展,高速成像链的问世,使得 MRI 图像质量、成像速度和临床功能为一体化的影像模式迈上新的台阶,能够提供前所未有的图像细节和先进功能。

磁共振血管成像的算法和数据处理有了进一步提高,其最大密度投影图像的伪影大大减少,在疾病的诊断中得到广泛的认可。功能 MRI 研究近年来取得显著的进展,利用血氧水平依赖对比机制进行的功能成像研究,对语言、记忆、注意、意识和思维等大脑高级功能的机制的研究正在成为磁共振研究领域的新的热点。因此,超高场 3 T 磁共振受到极大的推崇。磁共振图像和其他影像设备如 PET、脑磁图等的图像融合继续成为研究发展的方向之一,该技术对于立体定向外科手术和放射手术的治疗计划意义特别重大。随着开放磁共振成像速度的提高以及磁场强度的提高,磁共振图像引导下的外科和介入手术将进一步得到发展,由于磁共振没有电离辐射,而且具有 CT 等成像设备所无法比拟的软组织对比度,因此将在介入治疗方面具有极大的开发潜力。

磁共振技术尽管已经比较成熟,但是它日新月异的发展依然令人振奋,并且耳目一新,它已经成为最广泛的诊断工具。目前磁共振技术快速发展所面临的主要问题是受过专门训练并对磁共振有一定研究的技术员和放射科医生的缺乏。由于磁共振是一门多学科融合并且迅速发展的新兴学科,新的临床应用层出不穷,大量的序列开发、功能的实现需要医生、技术员和工程人员的共同努力,才能将磁共振所固有的功能潜力完全发挥。

第二章 磁共振成像设备的组成及性能指标

第一节 磁共振成像设备的组成

医用 MRI 系统通常由产生磁场的主磁体系统、产生梯度场的梯度系统、用于射频发射与信号接收的射频系统、计算机系统及其他运行保障辅助系统五部分构成(图 2-1)。

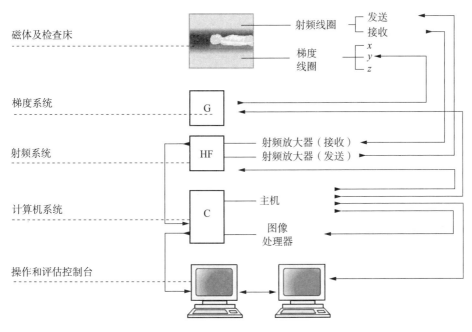

图 2-1　MR 系统组件及组成

一、主磁体

主磁体是 MRI 系统最基本的组成部分。磁体为 MRI 系统最重要、也是价值最高的组件,是产生主磁场的硬件装置。它的性能将直接影响磁共振图像的质量。根据磁场产生的方式可将主磁体分为永磁型主磁体和电磁型主磁体。电磁型主磁体由线圈绕制而成,根据绕制线圈的材料不同,电磁型主磁体又可分为常导磁体和超导磁体。常导磁体目前在临床MRI 系统中已经很少采用。

1. 永磁体

永磁型磁体是最早应用于全身 MRI 的磁体,由具有铁磁性的永磁材料构成,通常是稀土永磁材料,如铁钼钴、铁氧体和稀土钴。

永磁体一般由多个永磁材料制成的磁块按照特殊设计的空间分布拼接而成。磁铁块的排列既要构成一定的成像空间,还要达到高的磁场均匀性。目前绝大多数低场强开放式

MRI 系统采用此类磁体。永磁型主磁体通常采用 C 形磁体（马蹄形）、U 形臂或双立柱来支撑，这些磁体位于病人身体的上方和下方。由于永磁体的材料位于两极，因此主磁场与病人身体长轴垂直，这样的排列可以缩短两极间的距离，获得均匀的磁场，这样的配置通常用于开放式系统，两组磁体间的空间是患者检查空间。图 2-2 所示为某公司生产的 0.35 T 永磁型磁体（半成品），主要由上下两组永磁块组成，两组磁块之间的空间为患者检查空间。

永磁体两极面之间的距离就是磁体孔径，其值越小，磁场越强，但太小又无法容纳被检查者。在这个前提下，想要提高场强唯一的办法就是增加磁铁用量，而此又要受磁体重量的限制。

永磁型磁体具有以下优点：①结构相对简单，造价低，维护费用低，不消耗电能，不需要补充冷却剂，不需要昂贵复杂的附属设备；②操作维护比较简单，磁体周围的杂散磁场很少，对周围环境影响小，安装费用少；③永磁型磁体容易制成开放式磁体，减少了病人幽闭恐惧症的发生，并且有利于关节动态检查和 MR 导引下的介入治疗。当然，永磁型磁体也存在缺点：①磁场场强较低，磁场强度多在 0.5 T 以下，成像的信噪比较低；②磁场的均匀度一般低于超导磁体；③永磁体的热稳定性差，温度变化要求容易造成磁场的漂移，对磁体间的温度稳定性要求高，温度变化要控制在 ±1 ℃ 以内。

2. 常导磁体

常导磁体，也称常规磁体、电阻磁体或阻抗磁体。其磁场由通电线圈产生（图 2-3）。它的线圈导线采用普通导电性材料（通常是铜线或铝导线）绕制而成，它利用较强的直流电流通过线圈产生磁场，采用风冷却或水冷却的磁体。

图 2-2 永磁型磁体

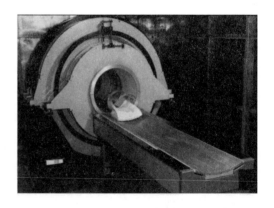

图 2-3 常导磁体

常导磁体的线圈由铜线或铝线绕制成同轴的圆桶状线圈，每线圈绕几千层。也有使用空腔铜导管作线圈，冷却水在导管内循环把热带走。此类主磁体的优点是结构简单、造价低，均匀度可满足 MRI 的基本要求，图像质量也较高，维修相对简便。其缺点是工作磁场偏低，磁场均匀度及稳定性较差，MRI 快速成像技术在该磁体上无法实现，需要专门的电源及冷却系统，使其运行和维护费用增高。目前几乎被永磁体和超导磁体取代。

3. 超导磁体

全世界医院的 MRI 设备中，80% 是采用超导磁体。超导磁体的线圈导线采用超导材料制成，置于接近绝对零度的超低温环境中，导线内的电阻抗几乎消失，一旦通电后在无需继续供电的情况下导线内的电流一直存在，并产生稳定的磁场，目前中高场强的 MRI 系统几乎均采用超导磁体。超导磁体只需一次供能,即可获得所需的磁场。

超导磁体的内部结构复杂,整个磁体由超导线圈、低温恒温器、绝热层、磁体的冷却系统、底座、输液管口、气体出口、紧急制动开关及电流引线等部分组成。超导线圈由铌钛合金的多芯复合超导线埋在铜基内,整个导线浸没在液氦中。

同阻抗型磁体一样,超导型磁体也是由线圈中的电流产生磁场,不同的是线圈材料不同,前者使用普通铜线绕制,而后者由超导线绕成。超导磁体多采用螺线管线圈,在磁介质不变的前提下,其磁场强度主要取决于线圈的匝数和电流。最常用的圆筒形磁体,其超导磁体产生的磁场通常为水平磁场,磁力线与平卧的人体长轴平行(图2-4)。

(a) 超导磁体　　　　　　　　　　(b) 超导线圈的纵剖面

图2-4　超导磁体

(a)超导磁体,超导线圈已经被安装在充满液氦的密封容器中;(b)超导线圈的纵剖面,从线圈导线的断面可见在磁体的两端线圈的匝数增多,这是为了纠正磁体两端磁场强度的减低。超导磁体的磁场通常为水平磁场

超导磁体为电磁体,大型线圈内电流可以产生很强的磁场。线圈的导线不是由纯铜制造的,铜的内部使用了铌钛合金。使用液氦作为冷却剂,可能需要液氮作为预冷剂。在大多数情况下,超导磁体都用于管腔型系统。均匀的磁场位于磁体腔的中心,与身体长轴平行。

超导磁体在出厂前均已完成抽真空、磁体预冷及超导环境的建立,因此,到达用户现场的一般均为冷磁体。安装完成后,需要对磁体进行励磁,即超导磁体系统在磁体电源的作用下给超导线逐渐加以电流,从而建立预定磁场。励磁成功,超导线圈将在不消耗能量的情况下提供强大的、高稳定性的均匀磁场。

超导磁体的场强可以超过任意一种磁体,其场强在0.35 T～9.4 T。目前应用于临床的最高场强为3 T,其他高场均用于实验。超导磁体具有以下优点:①容易产生高磁场,目前1.5 T高场强及3.0 T以上的超高场强的MRI仪一般都采用超导磁体;②高稳定性,磁场强度随时间的漂移非常小;③磁场均匀性高,明显高于永磁型磁体和常导磁体;④低能耗,超导线圈几乎不消耗电能;⑤图像信噪比高,图像质量好,许多需要高场强高性能梯度磁场的复杂序列和快速成像脉冲序列只能在超导高场强磁共振系统中完成;⑥采集时间短,可以减少运动伪影和检查时间。超导磁体的缺点主要在于因为需要定期补给液氦,运行、安装及维护费用相对较高。

二、梯度系统

梯度系统是 MRI 系统最重要的硬件之一,主要由梯度线圈、梯度控制器、数模转换器、梯度放大器和梯度冷却系统等部分组成,梯度线圈安装在主磁体内。

1. 梯度磁场的作用

梯度磁场的主要作用有:①对 MR 信号进行空间定位编码,决定层面位置和成像层面的厚度;MRI 区域内的静磁场上,动态叠加三个线性的梯度磁场,一个作为层面选择梯度,另两个作为频率编码与相位编码,从而实现成像体素的选层和空间三维编码的功能;②在梯度回波和其他快速成像序列中,产生 MR 回波;③施加扩散敏感梯度场,利用水分子进行扩散加权成像;④进行流动补偿;⑤进行流动液体的流速相位编码等。

2. 磁共振系统的坐标系

梯度磁场的主要作用之一是为磁共振信号进行空间定位,其本身也具有方向性,因此有必要先了解一下磁共振系统的坐标系。在本书中我们以临床上最常用的水平磁场超导磁体为例来定义磁共振系统的坐标系。尽管许多文献中通常以主磁场的相反方向作为 Z 轴,为了使读者理解更为容易些,在本书中笔者以患者体位为仰卧且头先进入来定义磁共振系统的坐标系,如图 2-5 所示。图 2-5(a)中,主磁场方向与人体长轴平行,且方向指向头侧,我们把主磁场方向定义为 Z 轴;X 轴及 Y 轴与 Z 轴垂直,X 轴在人体左右方向上,指向人体解剖位置的左侧;Y 轴在人体的前后方向上,指向人体解剖位置的前侧。在 X、Y、Z 三轴上各有一组梯度线圈(图 2-5)。

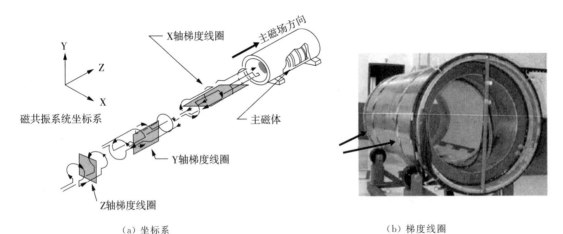

(a)坐标系　　　　　　　　　　　　　　　　(b)梯度线圈

图 2-5　磁共振系统的坐标系及梯度线圈的分布

(a)以主磁场方向为磁共振系统的 Z 轴方向,当受检者头先进仰卧位时,Z 轴平行于人体长轴,方向指向人体解剖位置的头侧;X 轴及 Y 轴垂直于 Z 轴,Y 轴指向人体解剖位置的前侧,X 轴指向人体解剖位置的左侧。在 X、Y、Z 轴上各有一组线圈,通电后产生的梯度磁场沿着相应的轴向分布。磁共振包括三个梯度线圈,在三个空间方向排列(X,Y,Z)。梯度线圈不能产生永久磁场,而是在检查过程中瞬时打开。(b)梯度线圈安装于主磁体内(图中黑箭头所指即为梯度线圈)

3. 梯度磁场的产生原理

梯度线圈通过专用电源操作,称为梯度放大器。这些梯度放大器可以使电流最高达500安培,具有很高的准确性和稳定性。就像一个扩音器,梯度线圈可以施加很强的机械力量,在检查中可以造成敲击噪声。

这里以 Z 轴梯度线圈为例介绍梯度磁场产生的原理。梯度线圈是特殊绕制的线圈,线圈通电后,当电流流经线圈的头侧部分时,梯度线圈头侧部分产生的磁场与主磁场方向一致,两个磁场强度相互叠加,因此头侧磁场强度增高;而电流流经线圈足侧部分,线圈足侧部分产生的磁场与主磁场方向相反,两个磁场强度相减,因此足侧的磁场强度降低。因而在主磁场长轴(Z 轴)上,头侧磁场强度高,足侧磁场强度低,梯度线圈中心位置的磁场强度保持不变(图 2-6)。X 轴、Y 轴梯度磁场产生的机制与 Z 轴相同,只是方向不同而已。

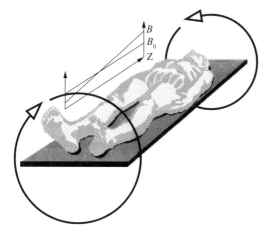

图 2-6 Z轴梯度磁场的产生

主磁场沿人体长轴分布,指向头侧。给 Z 轴线圈通电后,当电流流经 Z 轴梯度线圈的头侧部分时(电流方向如头侧圆圈箭头所示),线圈产生的磁场方向与主磁场相同,两个磁场相互叠加,因此头侧磁场强度增高;当电流流经 Z 轴线圈的足侧部分时,电流方向相反(足侧圆圈箭头所示),产生的磁场方向势必与主磁场相反,两个磁场相减,足侧磁场强度降低,这样形成了头侧高、足侧低的磁场梯度。在 Z 轴梯度线圈中心的位置,磁场强度保持 B_0 不变

4. 梯度磁场的产生流程

梯度磁场是脉冲电流通过梯度线圈产生的,需较大的电源容量。梯度控制器(GCU)的任务是按系统主控单元的指令,发出所选梯度的标准数字信号给数模转换器(DAC),梯度磁场系统中,对梯度放大器的各种精确控制正是由梯度控制器和数模转换器共同完成的。DAC 收到梯度控制器发送的、标志梯度电流大小的代码后,立即转换成相应的模拟电压控制信号,并通过线性模拟运算放大器进行预放大。由于梯度线圈形状特殊,匝数少,需输入数百安培的电流才能达到规定的梯度值。梯度放大器的输入信号就是来自 DAC 的模拟电压信号,输出的是供梯度线圈产生梯度场的梯度电流。梯度电流多采用霍尔元件进行探测,负反馈设计进行精确的梯段电流值调控(图 2-7)。

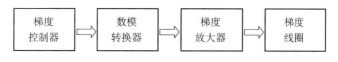

图 2-7 梯度系统工作流程图

5. 涡流的影响和补偿

当梯度磁场切换时,变化的磁场在周围导体中会产生感应电流,这种电流在导体内自行

闭合,称为涡流。涡流自身又产生变化的磁场,其方向与梯度线圈所产生的磁场相反,涡流会削弱磁场梯度,使梯度场波形畸变,使图像产生伪影,并能引起 MR 频谱基线伪影和频谱失真。为了克服涡流造成的影响,最常采取的措施有:①在梯度线圈与磁体间增加一个与梯度线圈同轴的辅助梯度线圈,但电流方向相反,使合成梯度为零,从而避免了涡流的形成,且同时通断使用高电阻材料制造特殊的磁体,以阻断涡流通路,使涡流减少;②在梯度电流输出单元中加入 RC 网络,预先对梯度电流进行补偿。

6. 梯度冷却系统

梯度系统是大功率系统,梯度线圈的电流往往超过 10A。如此大的电流将在线圈中产生大量的热量,如果不采取有效的冷却措施,梯度线圈就有烧毁的可能。常用的冷却方式有水冷和风冷两种:水冷是将梯度线圈经绝缘处理后浸于封闭的蒸馏水中散热,水再由水冷机将热量带出;风冷的方式是直接将冷风吹在梯度线圈上。目前高性能的梯度系统均采用水冷的散热方式。

三、射频系统

射频系统是 MRI 系统中进行射频激励并接收和处理射频信号的功能单元。射频系统不仅要根据扫描序列要求发射各种射频脉冲,还要接收成像区域内氢质子发出的 MR 信号。磁共振的射频系统包括以下几个部分:射频天线(线圈)、射频发射放大器、射频接收放大器。

1. 射频脉冲的产生

为了使位于静磁场 B_0 中的受检体内的氢质子发生磁共振,就必须要在 B_0 的垂直方向加入射频场 B_1。在 MRI 系统中,该射频场是在射频控制系统的作用下由射频线圈以射频脉冲的形式发出的,产生扫描序列所需的各种任意角度射频脉冲。90°脉冲和180°脉冲是 MRI 使用最多的脉冲。在 MRI 系统中,射频脉冲的宽度和幅度都是由计算机和射频控制单元来控制的。

2. 射频线圈

(1)概述

射频线圈用于激发共振的发射和接收天线,既是氢质子发生共振的激励源,又是磁共振信号的探测器。这些线圈具有各种形状和大小。体线圈是磁共振系统的集成部分,其功能为全身天线系统。体线圈的采集野很大。

射频线圈有发射线圈和接收线圈之分。发射线圈发射射频脉冲激发人体内的质子发生共振,接收线圈接收人体内发出的 MR 信号。在 MRI 中,理论上所有的线圈均可作为发射线圈和接收线圈,但绝大多数表面线圈发射的射频场很不均匀,通常不用做发射线圈,一般只作为接收线圈,发射线圈的工作由安装于主磁体内的体线圈来承担。

同一射频线圈可以在序列周期内的不同时间分别进行发射和接收两种功能,形成既能发射又能接收的两用线圈,如正交线圈及头线圈。体线圈和头颅正交线圈发射的射频场和接收的穿透力在整个线圈容积内非常均匀,因此既可作为发射线圈又可同时作为接收线圈(图 2-8)。

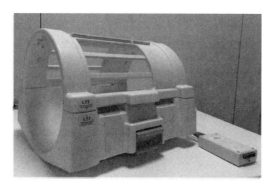
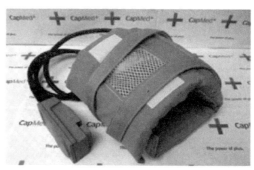

　　　(a) 某公司 1.5 T 磁共振仪的头颅正交线圈　　　　　　(b) 某公司 1.5 T 磁共振仪表面软线圈

图 2-8　头颅正交线圈与表面线圈

　　正交线圈是磁共振最早出现的线圈之一，这种线圈既可以发射又可以接收。但由于该线圈接收信号时信噪比差，而且又不能进行并行采集加速，无论是其成像质量还是速度都不能完全满足当今临床扫描需要。所以该线圈作为接收成像线圈渐渐淡出市场。正交线圈作为发射线圈时，射频场均匀度高，磁体内置的发射体线圈如今仍然采用这种设计。

　　由于正交线圈信噪比差，不能完全满足临床扫描需要，后来又出现了表面线圈。由于该线圈紧贴成像部位及脏器进行成像，根据大小不同，其信噪比是正交线圈的 3～8 倍，大大提高了成像质量。但该线圈只能成像其线圈大小的范围，扫描视野受限。使用时对线圈摆位要求高，需要精确摆放线圈，一旦摆放线圈位置有偏差，成像质量就较差。其只有一个通道，无法并行采集加速，临床扫描速度也严重受限。相控阵线圈具备表面线圈的信噪比，又大大扩大了表面线圈的覆盖范围，而且每个线圈单元都可以单独通道传递信号，构成了多通道传输，成像时可以兼容并行采集技术，大大提高了扫描速度和质量。

　　（2）主要指标

　　射频线圈的主要指标有：信噪比、灵敏度、射频场均匀度、线圈品质因数、填充因子及线圈的有效范围等。提高信噪比是设计线圈的最主要目的。灵敏度是指对输入信号的响应程度，灵敏度高可检测微弱的信号，但噪声水平也会增加。射频场均匀度与线圈的集合形状密切相关，表面线圈的均匀性最差。线圈品质因数是指谐振电路的特性阻抗与回路电阻的比值；填充因子是指样品体积与线圈容积之比，与线圈的信噪比成正比；线圈的有效范围指激励电磁场可以到达的空间范围，它取决于线圈的几何形状，有效范围越大，FOV 越大，信噪比越低。

　　射频接收线圈不仅接收所需的磁共振信号，还会接收不需要的噪声。噪声很大程度取决于线圈的大小。线圈越大，噪声越大。因此，对于合适的较小采集野，小的局部线圈具有良好的信噪比。

　　MR 对脉冲线圈也有很高的要求。发射线圈应尽可能均匀地发射射频脉冲，激发感兴趣容积内的质子。与 MR 图像信噪比密切相关的是接收线圈，接收线圈离检查部位越近，所接收的信号越强。

　　根据要检查的部位，需要连接附加特殊线圈，将其置于病人身体的局部，特殊线圈的形状由应用的部位决定。为了增强线圈的效果，填充系数，即线圈的敏感容积与病人占据的容积之比,应当尽可能最大。

（3）种类

射频线圈的种类包括:①全容积线圈,是指能够整个地包容或包裹一定成像部位的柱状线圈。这种线圈在一定的容积内有比较均匀的发射及接收 RF 场,因而主要用于大体积组织或器官的大范围成像,也用于躯干某些中央部位的成像。如体线圈和头线圈两种[图 2-9(a)]。②表面线圈,是一种可紧贴成像部位放置的 RF 线圈,其常见结构为扁平型或微曲型[图 2-9(b)]。这种线圈形成的 RF 发射场和接收场极不均匀,表现为越靠近线圈轴线 RF 场越强、偏离其轴线后 RF 场急剧下降。③部分容积线圈,是由全容积线圈和表面线圈两种技术相结合而构成的线圈[图 2-9(c)]。这类线圈通常有两个以上的成像平面(或线圈),其 RF 野的均匀性介于全容积线圈和表面线圈之间。④腔内线圈:是近年来出现的一种新型小线圈。这种线圈使用时须置于人体有关体腔内,以便对体内的某些结构实施高分辨成像,直肠内线圈是最常见的腔内线圈[图 2-9(d)]。⑤相控阵线圈,是由两个以上的小线圈或线圈单元组成的线圈阵列。这些线圈可以彼此邻接,组成一个大的成像区间,使其有效空间增大。各线圈单元也可相互分离。但无论哪一种连接方法,其中的每个小线圈均可同时接收对应小区域的 MR 信号,且在测量结束后,使小区域的信号有机地联系在一起[图 2-9(e)]。相控阵线圈主要有两种设计潮流:一种是采用局部线圈单元数目较多的密集型相控阵线圈,其优点在于局部的高分辨率和高信噪比;另外一个是全景成像线圈,即利用多个线圈同时摆放在身体上,利用进床和界面选择技术进行线圈的切换,不需更换线圈实现完成多部位检查,也有利于全身成像,如全景成像矩阵(total imaging matrix,TIM)技术(图 2-10),可以一次采集即可检查不同的部位(例如头部、颈部和脊柱),无需费时更换线圈,因此,每个病人的检查时间可以大大减少。

（4）发展

为了解决分离式相控阵线圈流程繁琐、病人流通小的问题,一体化相控阵表面线圈应运而生,该线圈系统与磁共振高度整合,病人床板内部嵌入高密度线圈阵列,病人躺上后与线圈紧密贴合;此外,不同成像部位线圈可以任意拼接,自由组合,大大方便了临床应用。一个病人进行不同部位的扫描或是前后病人扫描不同部位,无需更换线圈。

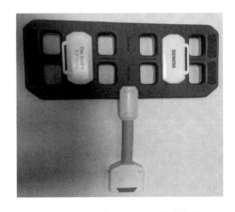

(a) 1.5 T 8 单元头颅相控阵线圈　　　　　　(b) 3.0 T 4 单元膝关节相控阵线圈

图 2-9　高密度相控阵线圈

（c）1.5 T 12 单元头颈联合相控阵线圈

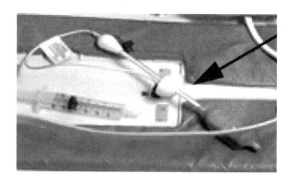

（d）直肠内线圈

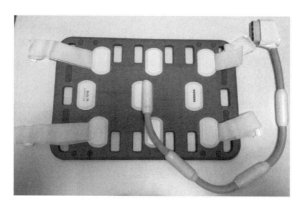

（e）18 单元腹部相控阵线圈

图 2-9（续）

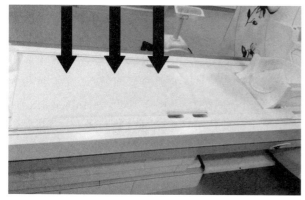

图为装备有 TIM 技术的 3.0 T，TIM 系统的所有后部线圈均安装于检查床上，根据检查的需要装配上相应前部线圈；或可把所有的前部线圈在摆放患者的时候全部装上，在进行全身检查或多部位检查时无需多次摆放患者和更换线圈

图 2-10　TIM 技术

3．射频发射放大器

射频发射放大器必须满足在整个采集中，发生器必须准确发送不同中心频率和带宽的射频脉冲序列的要求。放大包括两个阶段，预放大器产生信号，发射放大器增加了所需的信号增益。

4. 射频接收放大器

接收磁共振信号后,非常弱的磁共振信号在数字化和进一步处理前,在极低噪声放大器中进行放大。信号越好,线圈接收到的也就会越强、越清晰。信号强度不仅取决于接收线圈中的激发容积,还取决于与检查对象的距离。

四、计算机系统

在 MRI 设备中,主计算机系统主要是控制用户与磁共振各系统之间的通信,负责对整个系统各部分的运行进行控制,使整个成像过程各部分的动作协调一致,产生所需的高质量图像,并通过运行扫描软件来满足用户的所有应用要求,如扫描控制(控制梯度磁场、射频脉冲)、病人数据管理、归档图像、控制图像的重建和显示等、评价图像以及机器检测(包括自检)等。

从控制的观点来看,计算机系统可分为软件和硬件两层。

应用软件通过操作系统等系统软件与主计算机发生联系,从而控制整个 MRI 设备的运行。①系统软件是用于计算机自身的管理、维护、控制和运行,以及计算机程序的翻译、装载和维护的程序组。系统软件分为操作系统(系统软件的核心)、语言处理系统和常用例行服务程序等三个模块。②应用软件是指为某一应用目的而特殊设计的程序组。在 MRI 系统中,运行的应用软件就是 MRI 的软件包。软件包中的模块通常有病人信息管理、图像管理、扫描及扫描控制(应用软件的核心)、系统维护、网络管理、主控程序等。③应用软件的信息交换。应用软件从用户那里直接得到需求信息,将用户的请求转变为控制数据发往测量、控制设备,获得测量数据,根据用户的需求输出图像。

计算机系统属于 MRI 设备的大脑,控制着 MRI 仪的射频脉冲激发、信号采集、数据运算和图像显示等功能。磁共振设备的发展,同计算机科学的发展有非常紧密的联系。计算机硬件处理速度的提高,特别是并行总线和并行 CPU 处理技术的发展,使得磁共振设备可以生成更复杂的扫描序列,并可计算步骤更多的后处理算法。计算机技术的发展还显著减轻了并行采集及后处理数据引起的数据负担,使实时高分辨快速成像技术的临床应用成为可能。计算机操作系统、软件平台的升级,不仅能支持更友好的用户界面,还增加了磁共振系统的稳定性,可以控制更多的硬件设备,实现更复杂的图像显示、三维重建功能,同时还可以储存、传输更大容量的数据。除去传统意义上用户操作所打交道的计算机系统,磁共振系统作为一个整体,其软件控制流程也是实现其功能的重要环节。以某公司的计算机系统为例做简要介绍,希望有助于读者对磁共振系统的整体理解。

典型的磁共振控制系统如图 2-11 所示。

其中主要子系统按从右向左顺序分别为:

(1) SCP(scan control processor)扫描控制系统。产生序列脉冲的全部硬件开关信号,控制全部硬件(射频,梯度,采样,重建)的开始及结束时间点。

(2) TRF(triggerand rotational function board)定位引起的坐标旋转变换,对应梯度的控制,以及对 SRF 的触发控制。

(3) SRF(sequence related function board)序列相关调制系统。负责序列中梯度系统涡流校正补偿及对梯度的触发控制。

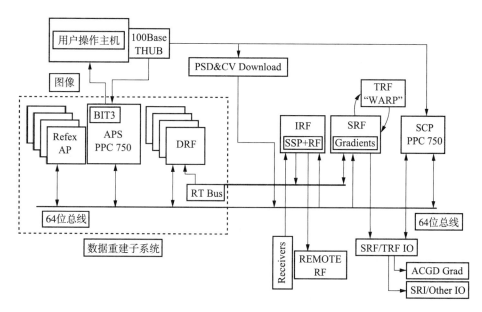

图 2-11 磁共振控制系统结构

（4）IRF(interface related function board)发射射频控制器。负责主时钟的同步,控制发射射频系统的中心频率、起始中止时间、相位调制以及信号强度。

（5）DRF(digital receiver filter)数字滤波器。对由 IRF 发送来的采集数据,进行频率解调,去除掉载波频率,同时进行一定的降噪处理。

（6）APS(acquisition processing subsystem)采样处理子系统。根据主机序列所对应的扫描参数,负责对采集的数据按 K 空间顺序、层面关系及平均次数排序组合,并把排列好的 K 空间发送给重建处理器。

（7）Reflex AP 重建处理器。专门负责对原始数据进行傅立叶变换。以 GEHD 系统为例,共有 16 块处理器,每块处理器均独立负责一路采集通道,一个磁共振序列编辑完成后,当用户点击"DOWNLOAD"按钮,则此序列对应的全部射频、梯度、采样点的开始、截止位置就会被分别传送给 IRF、SRF 及 DRF,并由 SCP 统一控制这些分系统的开始与结束。SRF 还会咨询 TRF 获得校正后的梯度强度数据。当扫描开始后,由各个线圈通道采集到的数据会经 IRF 派送给不同的 DRF 做信号解调及过滤,并把过滤好的信号,按 APS 指定的位置,填放于特定的内存空间,亦即每层图像对应的 K 空间。当收到某组扫描结束的信号后,APS 会指派 Reflex AP 去重建此内存空间,获得对应的图像数据。这组图像再传回 APS,进行后期数据处理,如梯度变形校正、并行采集重建、实时 ADC 计算、三维重建、旋转等。最后,将这些图像再传回主机的数据库储存、显示,完成此序列的扫描。

五、其他辅助系统

1. 检查床及定位系统

用于检查时承载患者,并进行患者的精确定位。不同厂家的检查床各具特点。有的 3.0 T MRI设备的检查床可以下降到很低的高度,有利于患者特别是老年患者或者体弱患者上下床[图 2-12(a)];有的检查床可以脱离主机,并可推到患者的担架床旁,方便重症患者或不能起立行走的患者可直接从担架床移到检查床[图 2-12(b)]。

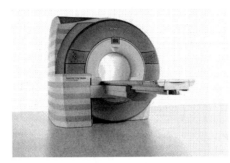

（a）可调整高度的检查床　　　　　　　　（b）可脱离主机的检查床

图 2-12　磁共振检查床

2．液氦及水冷却系统

液氦作为制冷剂在超导 MRI 系统中得到了广泛的应用。超导磁体需要浸泡在超低温的液氦密封罐中。以往的 MRI 大约 3 个月就需要添加一次液氦,大大增加了设备的运行维护成本,而目前新型高场 MRI 设备一般在 1~2 年甚至更长时间才需要添加一次液氦。

磁体冷却系统通常由磁体中的液氦、液氦冷屏、冷头、氦压缩机和水冷机组组成。氦压缩机采用水冷却的方式,它的散热器被冷水管包绕,产生的热量最终由循环冷水带走。而这里的冷水正是由水冷机组提供的。水冷机一旦出现故障,氦压缩机会因高温报警而立即停转,冷头停止制冷,液氦蒸发量增大。由此可见,必须有可靠的水冷机作为 MRI 正常运行的保障。梯度线圈等也需要水冷却系统进行降温。

3．空调系统

MRI 系统电子柜、控制计算机、氦压缩机和电源等设备的运行会产生一定的热量,使室温升高,影响系统的可靠性。因此,必须有空调系统作为保障。MRI 磁体间和设备间对温度和湿度都有很高的要求(温度 18 ℃~22 ℃,湿度 45%~60%),以保证设备的正常运转。永磁体对温度的要求更高,温度改变将会导致磁场的漂移。

4．图像传输、存储及胶片处理系统

MRI 主设备能够存储的图像是有限的,因此患者的图像资料需要储存到其他设备或媒介上。图像的储存可以在主设备上进行光盘刻录或其他媒介的存储,也可以传输到 PACS 的其他存储设备上。另外,图像也需要传输到胶片处理设备上进行打印。

5．生理监控仪器

绝大多数患者在 MRI 检查过程中无需进行生理监控,但部分危重的病例则需要进行生理监控。MRI 本身装备的生理信息探测装置只能供 MRI 生理性门控如呼吸门控、心电门控等技术使用,并不能用作患者的生理监控。普通的生理监控设备易受磁场干扰,在磁场环境中还有可能导致金属抛射物等危险,不能在 MR 磁体室内使用。MRI 检查过程中患者的生理监控应采用 MR 兼容的专用监控设备。

六、安全监测

为了保证 MRI 系统的安全运行,下列监测设施是必不可少的。

1. 警告标志

MRI 的建筑物轴位及各个通道口都应该设置明显的警告标志,防止装有心脏起搏器等体内电子植入物的病人误入 5 高斯线内。

2. 金属探测器

在磁体室入口处要装有金属探测器,以免铁磁性物质带入室内。

3. 氧气监测器及应急排气机

磁体制冷剂挥发后将产生大量的氮气和氦气,使得磁体内氧含量大幅度降低。因此,有必要在磁体室安装氧气监测器,当氧浓度降低至 18%(人体所需的最低限氧浓度)以下时能自动启动应急排气机排气。

4. 断电报警装置

市电停止后,该装置应立即触发报警,提示工程人员进行断电处理。

5. 紧急停电开关

在磁体室、控制室及设备室墙上的明显部位应该安装紧急断电开关,以便在病人或设备安全受到威胁时迅速切断电源。

6. 消防器材

MRI 系统磁体室、控制室、计算机室及设备室都需配备一定数量的消防器材。采用无磁性材料的灭火器具。

第二节　磁共振成像设备的主要性能指标

一、主磁体的主要性能指标

主磁体最重要的性能指标包括主磁场强度、磁场均匀度、稳定性及主磁体的长度和有效检查孔径。

1. 主磁场强度

磁共振系统的主磁场 B_0 又叫静磁场,其磁场强度单位可采用高斯(Gauss,G)或特斯拉(Tesla,T),特斯拉(T)是目前磁场强度的法定计量单位。距离 5 A(安培)电流通过的直导线 1 cm 处检测到的磁场强度被定义为 1 G,地球南北极处的地磁强度约为 0.7 G,赤道附近的地磁强度约为 0.3 G。特斯拉(T)与高斯(G)的换算关系为:1 T=10 000 G。

0.5 T 以下的称为低场设备,0.5 T~1.0 T 称为中场设备,1.0 T~2.0 T 称为高场设备,大于 2.0 T 的为超高场设备(图 2-13)。

磁场强度越高,质子的磁化率越高,图像的信噪比越大,成像质量越高,在保证信噪比的前提下,可缩短 MRI 信号采集时间,同时增加化学位移效应使磁共振波谱(magnetic resonance spectroscopy,MRS)对代谢产物的分辨力得到提高,增加化学位移效应使脂肪饱和技术更加容易实现;增加血氧饱和度依赖(BOLD)效应,使脑功能成像的信号变化更为明显。但是射频特殊吸收率(specific absorption ratio,SAR)增加,SAR 值问题在高场 MRI 仪上表现得比较突出,在 3.0 T 的超高场强机上尤为严重,对人体产生不良影响,同时增加主磁场强度使设备生产成本增加,价格提高;噪声增加,虽然采用静音技术降低噪声,但是进一步增

（a）0.35 T永磁型低场MRI系统

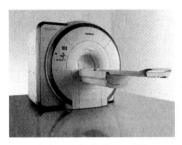
（b）1.5 T超导型MRI系统

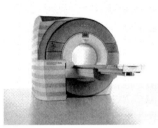
（c）3.0 T超导型MRI系统

图 2-13　不同场强的 MRI 仪

加了成本；各种伪影增加，包括运动伪影、化学位移伪影及磁化率伪影等一般随场强的增高而更为明显。

2. 主磁场均匀性

磁体最重要的质量指标为主磁场的均匀性。MRI 需要均匀度很高的磁场，在成像区域内的磁场均匀度是决定影像空间分辨率和信噪比的基本因素。磁场均匀度指在一定的容积范围内磁场强度的均一性，也即单位面积内通过的磁力线数目的一致性。磁场均匀度在很大程度上决定着 MRI 设备的图像质量好坏。如 MRI 图像的信噪比（S/N）、空间分辨力（SR）和有效视野（field of view，FOV）的几何畸变。

MR 技术对主磁场均匀性的要求很高，原因在于：①高均匀度的场强有助于提高图像信噪比；②场强均匀是保证 MR 信号空间定位准确性的前提；③场强均匀可减少伪影（特别是磁化率伪影）；④高度均匀的磁场有利于进行大视野扫描，尤其肩关节等偏中心部位的 MRI检查；⑤只有高度均匀的磁场才能充分利用脂肪饱和技术进行脂肪抑制扫描；⑥高度均匀的磁场 MRS 才能有效区分不同的代谢产物。

在 MR 系统中，主磁场的均匀度通常以相对于主磁场强度的百万分之几作为磁场强度偏离的单位。由此可见，磁场均匀度与主磁场的大小有关。作为一个偏差单位来衡量相同的百万分之几在不同的 B_0 下，代表的偏差是不一样的。例如，同样是 5×10^{-6}，在 1.5 T 的MRI 设备中，磁场均匀度的偏差为 $5\times1.5\times10^{-6}$ T（0.007 5 mT），而在 0.3 T 的 MRI 设备中，磁场均匀度的偏差为 $5\times0.3\times10^{-6}$ T（0.001 5 mT）。

单纯的主磁场强度的百万分之几值还不能充分表述磁场强度均匀性，应该用一定容积范围内的百万分之几值来表述。临床用 MRI 仪一般采用与主磁场同中心的球体空间作为磁场均匀性测量的容积范围，用球体容积的直径（diameter of spherical volume，DSV）来表示该容积范围的大小。厂家提供的主磁场强度均匀性的参数中，通常会提供多种直径的球体容积内的测量结果，如 10 cm DSV 的百万分之几值、20 cm DSV 的百万分之几值、30 cm DSV的百万分之几值及 40 cm DSV 的百万分之几值等。百万分之几值越小代表磁场的均匀性越好。

梯度磁场强度必须大于其磁场偏差，否则将会扭曲定位信号，降低成像质量。磁场的偏差越大，表示均匀性越差，图像质量也会降低。磁场的均匀性并非固定不变，一个磁体在安装调试后，由于外部环境及磁体稳定性的改变，其均匀性会改变，因此必须定期均匀。

主磁场的匀场技术主要包括无源匀场和有源匀场。无源匀场是指在磁体孔洞内壁上添加专用的匀场小铁片(图 2-14),这种匀场技术无需电源供应,因此被称为无源匀场技术。有源匀场技术需要在机架内安装若干个小线圈组成的匀场线圈阵列,通过控制匀场线圈阵列中各个小线圈的电流来达到均匀主磁场的目的。

图 2-14　无源匀场

现代 MRI 系统的有源及无源匀场技术进步很快,磁场均匀度有了很大提高。目前 1.5 T以上的超导主磁体,其主磁场的均匀度一般都可以达到 10 cm DSV($\leqslant 0.05 \times 10^{-6}$)、20 cmDSV($\leqslant 0.1 \times 10^{-6}$)、30 cm DSV($\leqslant 0.25 \times 10^{-6}$)、40 cm DSV($\leqslant 0.5 \times 10^{-6}$)以上。

3. 主磁场稳定性

磁场稳定性是衡量磁场强度随时间漂移程度的指标,实际上是指主磁场强度及其均匀性的变化,也称为磁场漂移。受磁体附近铁磁性物质、环境温度、磁体电源稳定性或匀场电源漂移等因素的影响,磁场的均匀性或场值也会发生变化。

磁场的稳定性可分为热稳定性和时间稳定性。所谓热稳定性是指主磁场的强度及其均匀性随温度的变化,一般永磁型磁体的热稳定性较差,因此对磁体间温度的要求很高;而超导磁体的热稳定性一般较好。所谓时间稳定性是指主磁场的强度和均匀度随时间的变化,一般用单位时间的磁场强度漂移值来表示。磁场的漂移通常以一小时或数小时作为限度,超导磁体的时间稳定性很高,小于 0.1×10^{-6} T/h。磁体电源或匀场电源波动时,会使磁场的时间稳定性变差。永磁体和常导磁体的热稳定性比较差,因而对环境温度的要求很高。超导磁体的热稳定性和时间稳定性都比较高。

4. 主磁体的长度和有效孔径

磁体的有效孔径是指梯度线圈、匀场线圈、射频体线圈和内护板等均安装完毕后,柱形空间的有效内径,一般来说其内径必须大于 60 cm,才能符合临床要求。

对于圆筒式水平磁场来说,其主磁体的尺寸指标包括磁体长度和有效孔径。孔径过小容易使被检者产生压抑感,孔径大可使病人感到舒适。但主磁体长度的缩短及孔径的增大对磁体制作技术来说是个挑战,应该说磁体越短、孔径越大,则保持磁场均匀度的难度越大。20 世纪 90 年代中期以前生产的临床 MRI 设备,其磁体长度一般都在 200 cm 以上。近年来随着磁体制造技术的不断进步,在提高了磁场均匀度的前提下,主磁体的长度大大缩短,目前生产的 1.5 T 及 3.0 T 磁共振主磁体的长度多在 140 cm～175 cm,增加了患者的舒适性,尤其有利于幽闭恐惧症病人的 MRI 检查。水平磁场的圆筒式 MRI 仪的有效孔径是指主磁体内安装了匀场线圈、梯度线圈、射频线圈,并加盖机壳后供检查用的腔道的直径。目前绝大多数水平磁场圆筒式 MRI 仪的有效孔径都是 60 cm。部分厂家的磁体有效孔径达可达 70 cm(图 2-15)。

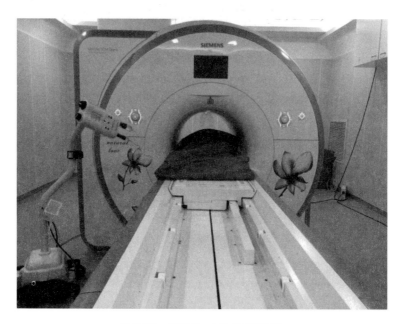

图 2-15　短磁体、大孔径 MRI 仪

对于开放式的永磁型磁体来说,其主要的尺寸指标是有效孔径。垂直磁场的开放式磁体的有效孔径是指磁体中安装了匀场装置、梯度线圈、射频线圈及其他辅助配件,并加盖机壳后供人体检查时使用的空间上下垂直距离。目前多数低场强永磁型 MRI 仪的有效孔径在 40 cm 左右,该磁体的场强均小于 1.0 T。

二、梯度磁场的主要性能指标

梯度磁场系统是 MRI 系统的核心部件,其功能是为系统提供可快速开关的梯度场,产生的梯度磁场性能优劣直接影响到扫描速度和成像质量。梯度线圈的主要性能指标包括梯度场强度、梯度切换率及爬升时间、梯度线性和有效容积。

1. 梯度场强度

梯度场的强度是指梯度变化时可达到的最大值,通常用每米长度内磁场强度的差别(mT/m)来表示。图 2-16 为梯度场强示意图,水平粗黑线表示均匀的主磁场,斜线表示线性梯度场;两条线相交处为梯度场中点,该点梯度场强为零,不引起主磁场强度发生变化;粗黑线下方的斜线部分表示反向梯度场,造成主磁场强度呈线性降低;粗黑线上方的斜线部分为正向梯度场,造成主磁场强度呈线性增高。有效梯度场两端的磁场强度差值除以梯度场施加方向上有效梯度场的范围(长度)即表示梯度场强,即:梯度场强(mT/m)=梯度场两端的磁场强度差值(mT)÷梯度场的有效长度(m)。

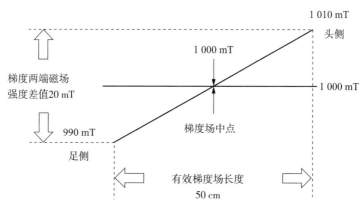

图 2-16　梯度场强示意图

图中主磁场场强为 1.0 T(1 000 mT)(水平粗黑线所示),沿 Z 轴方向施加梯度场,梯度场的有效长度为 50 cm(0.5m),这时头侧的磁场强度上升到 1 010 mT,足侧磁场强度下降到 990 mT,梯度线圈中心的位置磁场强度保持 1 000 mT,梯度场有效长度两端磁场强度差别为 20 mT。梯度场强=20 mT÷0.5 m=40 mT/m

在线圈一定时,梯度场的强度由梯度电流所决定,而梯度电流又受到梯度放大器的功率限制。

2. 梯度切换率及爬升时间

梯度切换率及爬升时间是梯度系统的两个重要指标,它们从不同角度反映了梯度场达到某一预定值的速度。梯度爬升时间是指梯度由零上升到要求梯度所需要的时间,单位 ms。梯度切换率是指梯度从零上升到正的最大值或下降到负的最大值的速度,即单位时间及单位长度内的梯度磁场强度变化量,它的定义是梯度场强度(mT/m)除以上升时间(ms),单位是 mT/(m·ms)。切换率越高,表明梯度磁场变化越快,也即梯度线圈通电后梯度磁场达到最大强度所需要时间(爬升时间)越短,可进一步提高扫描速度。

图 2-17 为梯度场强切换率示意图,梯形的左腰表示梯度线圈通电后梯度场强逐渐增高、直至最大值,梯度线圈通电后梯度场从零增高到最大值所需的时间被称为爬升时间,切换率的计算公式如下:切换率=梯度场强/爬升时间,实际上梯度切换率就是图中梯形左腰的斜率。斜率越大,即切换率越高,梯度场爬升越快,所需的爬升时间越短。

梯度切换快,梯度上升所需的时间就越短,就可以提高扫描速度和图像信噪比。梯度上升性能的提高,可开发出更快速的成像序列,它与复杂的扫描脉冲序列中梯度脉冲波形有关。梯度场切换率和梯度上升时间的提高,取决于高性能的梯度线圈和功率放大器。

梯度线圈性能的提高对于 MR 快速成像至关重要,可以说没有梯度线圈的进步就不可能有超快速序列。SS-RARE、Turbo-GRE 及平面回波成像(echo planar imaging,EPI)等超快速序列以及水分子扩散加权成像对梯度场的场强及切换率都有很高的要求,高梯度场及高切换率不仅可以缩短回波间隙加快信号采集速度,还有利于提高图像的信噪比(signal to noise ratio,SNR),因而近几年快速或超快速成像技术的发展可以说是直接得益于梯度线圈性能的改进。现代 3.0 T MRI 的常规梯度线圈场强已达 25 mT/m 以上,切换率达 120 mT/(m·ms)以上。3.0 T MRI 最高配置的梯度线圈场强已达 60 mT/m 以上,切换率超过 200 mT/(m·ms)。

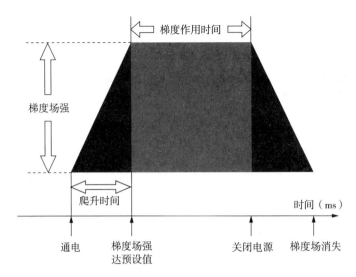

图 2-17　梯度场强变化过程

　　图中从左到右代表时间(ms),当线圈通电后,梯度场强度从零开始逐渐升高,经过一段时间(爬升时间)后达到最大值。达到最大值后需要作用一段时间,然后关闭梯度线圈电源,梯度场逐渐降低直至消失。可以看出梯度场变化过程看似一个梯形,梯形左腰的斜率(梯度场强/爬升时间)代表梯度切换率

　　梯度系统输出性能的特点是在最小的上升时间内达到最大的幅度(最大输出)。上升率由这两个参数计算得出。这些特征数据也被称为 SR(爬升率),可用于快速比较梯度系统的输出性能(表 2-1)。

表 2-1　梯度系统的输出性能比较

磁体的主磁场	最大幅度	上升时间	爬升率
高场(1 T~2 T)	20 mT/m~40 mT/m	0.4 ms~0.2 ms	50 T/(m·s)~200 T/(m·s)
超高场(3 T)	40 mT/m	0.1 ms	200 T/(m·s)~400 T/(m·s)

　　需要指出的是由于梯度磁场的剧烈变化会对人体造成一定的影响,特别是引起周围神经刺激,因此梯度磁场场强和切换率不是越高越好,是有一定限制的。正因为安全性对梯度场性能的限制,现在一些厂家在努力提高梯度场的稳定性、保真性,以提高梯度线圈效率,这样在梯度场切换率和梯度场强较低的前提下也能达到原来高强度和高切换率梯度系统才能实现的功能。

　　3. 梯度磁场的线性

　　梯度磁场的线性是衡量梯度场平稳度的指标。线性越好,表明梯度场越精确,图像的质量就越好,非线性度随着与磁场中心距离的增加而增加。因此,如果梯度场的线性不佳,图像的边缘上可能产生空间和强度畸变。一般要求梯度场的非线性度不能超过 2%。

　　线性梯度场的最低梯度必须大于主磁场的非均匀性,否则磁场非均匀性将严重影响空间编码,引起影像几何失真。

　　4. 有效容积

　　有效容积是指线圈所包容的、其梯度场能够满足一切线性要求的空间区域,这个区域常位于磁体中心,并与主磁场的有效容积同心。梯度线圈的均匀容积越大,对于成像区的限制就越小。

第三章　磁共振成像基本原理

第一节　磁共振成像的物理基础

一、原子的结构

原子由原子核及位于其周围轨道中的电子构成,电子带有负电荷。原子核中有两种粒子,即中子和质子,中子不带电荷,质子带有正电荷。某一元素原子核中的质子数也称为该元素的原子序数,一般的书写习惯标在相应元素符号的左下角。原子核中的质子和中子的数目决定了原子核的质量,某种原子核中质子数与中子数之和被称为该原子核的质量数,一般的书写习惯标在该元素符号的左上角,即氢原子核和磷原子核标为 ^{1}H 和 ^{31}P。

不同的元素其质子数不同。但同一种元素可以有不同的原子核,这些原子核中的质子数是相同的,所不同的是中子数,这种同一元素的不同原子核被称为同位素,如元素氢的同位素就有 $^1_1$H(氢核)、$^2_1$H(氘核)和 $^3_1$H(氚核),一般标为 ^{1}H(氢核)、^{2}H(氘核)和 ^{3}H(氚核)即可。

二、自旋和核磁的概念

我们都知道地球是有磁场的,即地磁。地球为什么能够产生地磁呢? 因为地球表面带有电荷。为什么地球表面带有电荷就能产生地磁? 因为地球绕着自己的轴在旋转,即自转,一个表面带有电荷的球体发生旋转必将形成电流环路,有了电流环路必将有感应磁场产生[图 3-1(a)],这就是地磁产生的简单原理。

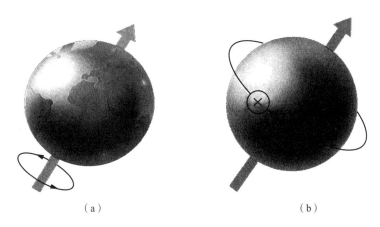

（a）　　　　　　　　　　　　　　　（b）

图 3-1　带有电荷的地球及原子核旋转产生磁场

（a）表面带有电荷的地球绕着自身的轴沿一定方向(带箭头圆圈)自转产生磁化矢量(长箭头),即地磁;（b）带有正电荷的原子核犹如一个球体,绕着自身的轴发生自旋,形成电流环路(带箭头圆圈),因而产生感应磁场,即核磁(长箭头)

原子核具有一定大小和质量,可以视作一个球体,所有磁性原子核都有一个特性,就是总以一定的频率绕着自己的轴进行高速旋转,我们把磁性原子核的这一特性称为自旋(spin)。由于原子核表面带有正电荷,磁性原子核的自旋就形成电流环路,从而产生具有一定大小和方向的磁化矢量[图 3-1(b)]。我们把这种由带有正电荷的磁性原子核自旋产生的磁场称为核磁性。因此以前也把磁共振成像称为核磁共振成像。

三、磁性和非磁性原子核

并非所有原子核均能自旋而产生核磁性,原子核内中子和质子的数目决定了该原子核是否为磁性原子核。如果原子核内的质子数和中子数均为偶数,则这种原子核不能自旋而产生核磁,我们称这种原子核为非磁性原子核。反之,我们把能够自旋而产生核磁的原子核称为磁性原子核。磁性原子核必须符合以下条件之一:①中子和质子均为奇数;②中子为奇数,质子为偶数;③中子为偶数,质子为奇数。简言之,磁性原子核的中子数和质子数至少要有一项是奇数。

四、用于人体磁共振成像的原子核

人体内有许多种磁性原子核,表 3-1 所列为人体组织中常见的磁性原子核。

表 3-1 人体组织中常见的磁性原子核

磁性原子核	平均摩尔浓度	相对磁化率 (与氢质子磁化率的比率)
^1H	99.0	1.0
^{14}N	1.6	0.083
^{31}P	0.35	0.066
^{13}C	0.1	0.016
^{23}Na	0.078	0.093
^{39}K	0.045	0.000 5
^{17}O	0.031	0.029
^2H	0.015	0.096
^{19}F	0.006 6	0.83

理论上人体组织中所有的磁性原子核均可以用于 MRI 的对象。但一般用于人体 MRI 的原子核为氢原子核(^1H)。^1H 仅有一个质子而没有中子,因此也被称为氢质子或直接简称为质子。因此除非特殊说明,一般所指的磁共振图像即为 ^1H 的磁共振图像。

选择^{1}H 作为 MRI 的对象不是毫无理由的。从表 3-1 可以看出,氢原子核(^{1}H)在人体中的摩尔浓度最高,达到 99,而处于第二位的是^{14}N,摩尔浓度为 1.6,约为^{1}H 的 1/62,且^{14}N 的相对磁化率仅为 0.083。^{1}H 的磁化率也是最高的,磁化率处于第二位的是^{19}F,其相对磁化率达 0.83,但^{19}F 的摩尔浓度仅为 0.006 6,仅为^{1}H 的 1/15 000。因此选择^{1}H 用于常规MRI 的理由有:①是人体中最多的原子核,约占人体中总原子核数的 2/3 以上,因此可以产生较强的磁共振信号;②相对磁化率在人体磁性原子核中是最高的,也可以产生更强的磁共振信号;③^{1}H 存在于人体的各种组织中,因此具有生物代表性。

其他的磁性原子核也可以用于 MRI,近年来利用如^{23}Na 等其他磁性原子核进行活体组织 MRI 的研究越来越多。

五、人体组织 MRI 信号的主要来源

一般情况下用于人体 MRI 的是氢质子。需要指出的是并非所有的氢质子都能产生MRI 信号,常规 MRI 的信号主要来源于水分子中的氢质子(简称水质子),部分组织的信号也可来源于脂肪中的氢质子(简称脂质子)。

人体组织中的水分子可以分为结合水和自由水。所谓结合水是指蛋白质大分子周围水化层中的水分子,这些水分子黏附于蛋白质大分子部分基团上,与蛋白质大分子不同程度地结合在一起,因此被称为结合水;结合水由于黏附于蛋白质大分子,其自由运动将受到限制。所谓自由水是指未与蛋白质结合在一起,活动充分自由的水分子。人体组织中的结合水和自由水可以互换,处于动态平衡状态。

由于化学位移效应,不同分子中的氢质子进动(Larmor)频率存在差别,蛋白质大分子中氢质子的进动频率大多偏离 MRI 的中心频率(自由水的进动频率),一般情况下不能被射频脉冲激发,因此不能产生信号。

由于自由运动受到限制,蛋白质和结合水的 T2 值都很短,一般小于 1 ms。常规 MRI采集回波信号至少需要数毫秒,还没有来得及采集回波信号,蛋白质和结合水的信号已经全部衰减。因此即便蛋白质和结合水中的氢质子被射频脉冲激发,也不能产生 MRI信号。

因此对于不含脂肪的组织,其 MRI 信号的直接来源是自由水;结合水和蛋白质都不能直接产生信号,但结合水和蛋白质可以影响自由水的弛豫,也可通过磁化传递效应,最后也会影响组织的信号强度。

六、进入主磁场前后人体内氢质子核磁性状态的变化

人体组织中的氢质子不计其数,每毫升水中的氢质子数就达 3×10^{22} 个。每个质子自旋均能产生 1 个小核磁,人体内如此多的质子自旋将产生无数个小核磁,那么人体不就像块大磁体了吗?事实并非如此,如图 3-2(a)示进入主磁场前,尽管组织中每个质子自旋都产生一个小磁场,但排列杂乱无章,磁化矢量相互抵消,因此没有宏观磁化矢量产生。

进入主磁场后,人体组织中的质子产生的小磁场也不再是杂乱无章,而是呈有规律排列。从图 3-2(b)中可以看出,进入主磁场后,质子产生的小磁场有两种排列方式,一种是与主磁场方向平行且方向相同,另一种是与主磁场平行但方向相反,处于平行同向

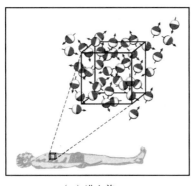 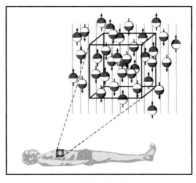

（a）进入前　　　　　　　　　（b）进入后

图 3-2　进入主磁场前后人体组织中氢质子的核磁状态变化

的质子略多于处于平行反向的质子。为什么有的质子产生的小核磁与主磁场平行同向，而另一些质子产生的小核磁却与主磁场平行反向呢？这里所涉及的量子物理学知识非常复杂，而对于 MRI 的临床应用者和研究者来说，可以简单地理解为：这两种核磁状态代表质子的能量差别，平行同向的质子处于低能级，因此受主磁场的束缚，其磁化矢量的方向与主磁场的方向一致；平行反向的质子处于高能级，能够对抗主磁场的作用，因此其磁化矢量尽管与主磁场平行但方向相反（图 3-3）。由于处于低能级的质子略多于处于高能级的质子，进入主磁场后，人体组织内产生了一个与主磁场方向一致的宏观纵向磁化矢量（图 3-3）。

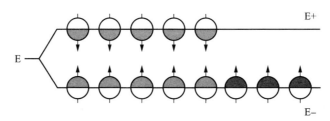

图 3-3　处于不同能级氢质子的核磁状态不同

进入主磁场后处于低能级的氢质子数量仅比处于高能级的氢质子多出百万分之几，而 MRI 利用的就是多出来的这少部分氢质子，因此实际上磁共振信号是非常微弱的。进入主磁场后低能级氢质子比高能级氢质子多出的量将受温度、主磁场强度等因素的影响。从图 3-4 中可以看出，随着温度的升高，处于低能级比处于高能级多出的氢质子将减少。对于

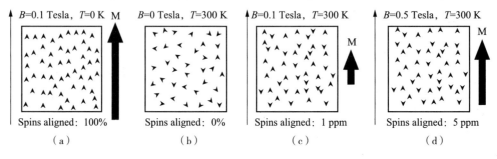

图 3-4　温度及主磁场强度对质子核磁状态的影响

人体组织来说,其温度是相对稳定的,因此低能级比高能级多出的氢质子的量主要受主磁场强度的影响,随着主磁场强度的升高,多出氢质子的量将几乎成比例增多,磁共振成像时可以利用的有效成像氢质子就增多,磁共振信号将增高,这就是高场强磁共振图像之所以信噪比较高的主要原因。

图 3-4 中所有方框中的小箭头代表氢质子自旋产生的小核磁的方向,方框左侧细箭头代表主磁场方向,方框右侧的粗箭头代表进入主磁场后质子群产生的宏观纵向磁化矢量。其中:图(a)表示在绝对温度($T=0$ K)时,即便外磁场强度较弱(图中 $B=0.1$ T),方框中所有质子的小核磁均与主磁场方向相同,于是产生非常强大的宏观纵向磁化矢量(粗箭 M);图(b)、图(c)、图(d)均表示在室温下($T=300$ K)。图(b)表示没有外磁场的情况下,方框中的质子的小核磁随机无序排列,磁化矢量相互抵消,没有宏观磁化矢量产生;图(c)表示当主磁场强度为 0.1 T 时,处于低能级的氢质子要比处于高能级的氢质子多 1×10^{-6},这一部分氢质子磁化矢量相互叠加,形成一个宏观纵向磁化矢量(粗箭 M);图(d)表示当把主磁场强度增加到 0.5 T,处于低能级的氢质子要比处于高能级的氢质子多 5×10^{-6},这些氢质子磁化矢量相互叠加,将形成一个更大宏观纵向磁化矢量(粗箭 M)。

七、进动和进动频率

质子进入主磁场后,无论是处于高能级的还是处于低能级的,其磁化矢量并非完全与主磁场方向平行,而总是与主磁场有一定的角度。如图 3-5(a)所示,陀螺在旋转力(弧形箭头,以虚线为轴)与地球引力(直线黑箭)的作用下,不仅存在旋转运动,而且出现以地球引力为轴的旋转摆动(带箭头的黑线圆圈)。如图 3-5(b)所示,在主磁场中的氢质子除了自旋运动(弧形箭头)外,自旋产生的小核磁(黑箭头)还以主磁场为轴进行旋转摆动(带箭头的黑线圆圈),即进动。

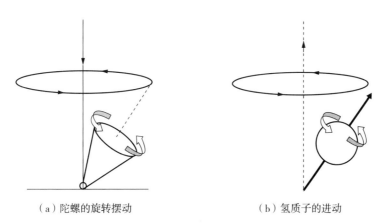

（a）陀螺的旋转摆动　　　　　　　　　（b）氢质子的进动

图 3-5　陀螺的旋转摆动与氢质子的进动

进动是磁性原子核自旋产生的小磁场与主磁场相互作用的结果,进动频率明显低于自旋频率,但对于磁共振成像来说,进动频率比自旋频率重要得多。进动频率计算公式为:$\omega=\gamma B$,式中 ω 为进动频率,γ 为磁旋比(γ 对于某一种磁性原子核来说是个常数,氢质子的 γ 约为 42.5 MHz/T),B 为主磁场的场强,单位为特斯拉(T)。从式中可以看出,质子的进动频率与主磁场场强成正比。

　　无论是处于低能级的¹H质子还是处于高能级的¹H质子都存在进动。由于进动的存在,质子自旋产生小磁场又可以分解成两个部分,即纵向磁化分矢量和横向磁化分矢量[图3-6(a)]。质子的纵向磁化分矢量的方向是不变的,处于高能级者与主磁场方向相反,处于低能级者与主磁场的方向相同,由于处于低能级的质子略多于处于高能级者,最后会产生一个与主磁场同向的宏观纵向磁化矢量。由于质子在进动,其横向磁化分矢量则以主磁场方向为轴(Z轴),就像时钟的指针在XY平面作旋转运动,因此其方向处于不断的动态变化中。尽管每个氢质子的小核磁都有横向磁化分矢量,但各个氢质子的横向磁化分矢量在360°圆周中所处的位置不同,即相位不同,横向磁化分矢量相互抵消,因此没有宏观横向磁化矢量产生[图3-6(b)]。

　　人体组织进入主磁场后,产生了宏观的纵向磁化矢量,某一组织(或体素)产生的宏观纵向磁化矢量的大小与其含有的质子数有关,组织中质子含量越高则产生宏观纵向磁化矢量越大。我们可能认为这时MRI已经可以区分质子含量不同的各种组织了。然而遗憾的是,进入主磁场后组织中产生的宏观纵向磁化矢量尽管对于每个质子的小核磁来说是宏观的,而相对强度很大的主磁场来说却又是非常微小,这么微小的所谓宏观纵向磁化矢量重叠在与其方向一致的强大主磁场中,MR接收线圈就不可能检测到宏观纵向磁化矢量,也就不能区分不同组织之间因质子含量差别而产生的宏观纵向磁化矢量的差别。

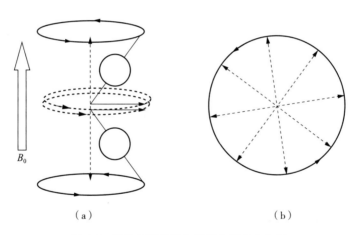

（a）　　　　　　　　　　　　　　　　（b）

图 3-6　进动质子的纵向及横向磁化分矢量

　　(a)左侧的空白箭头代表主磁场方向,无论是处于低能级和高能级状态下的质子都发生进动,每个质子都产生纵向磁化分矢量(纵向虚线黑箭头)和横向磁化分矢量(横向实线黑箭头)。高能级质子的纵向磁化分矢量与主磁场方向相反,而低能级质子的纵向磁化分矢量与主磁场方向相同。由于质子进动,各个质子的横向磁化分矢量以主磁场方向为轴作旋转运动,旋转方向与质子进动的方向一致(虚线圆圈箭头)。(b)沿主磁场方向观察XY平面上的质子横向磁化分矢量(虚线黑箭头)的分布,各质子横向磁化分矢量绕着Z轴像时钟指针一样作旋转运动(圆圈黑箭头)。各质子(图中为8个质子)旋转的横向磁化分矢量由于在圆圈中所处的位置不同(相位不同)而相互抵消,因此没有宏观横向磁化矢量产生

　　既然接收线圈探测不到组织中的宏观纵向磁化矢量,那么它能够检测到怎样的宏观磁化矢量呢? 让我们来复习一个初中阶段就已经做过的物理学实验。我们把一个导线绕制的线圈与一个电流表串联在一起,如果电路中有电流产生,电流表的指针将发生偏转。如果我们把一根条形磁铁平行地放置于线圈的旁边不动,我们观察电流表,电流表的指针将不会有

任何摆动,表明电路中没有电流产生[图 3-7(a)]。如果我们拿着同样一条磁铁对着线圈横扫一下,情况就大不一样,我们可以注意到电流表的指针发生了偏转,说明电路中有电流通过[图 3-7(b)]。电路中之所以有电流是因为磁力线切割了线圈,从而把动能转化为电能,实际上这就是发电机的原理。

磁共振信号的探测就犹如一个发电机。进入主磁场后,人体组织中产生的宏观纵向磁化矢量保持稳定,其方向不发生变化,将不会切割接收线圈而产生电信号,因此接收线圈探测不到组织中的宏观纵向磁化矢量[图 3-7(c)]。而如果组织中有一个旋转的宏观横向磁化矢量,它将切割接收线圈而产生电信号,因此接收线圈能够探测到的是旋转的宏观横向磁化矢量[图 3-7(d)]。可是我们前面已经说过,人体组织进入主磁场后仅产生了宏观纵向磁化矢量,而不产生宏观横向磁化矢量。那么,我们怎样让人体组织中产生一个接收线圈能够探测到的旋转宏观横向磁化矢量呢?

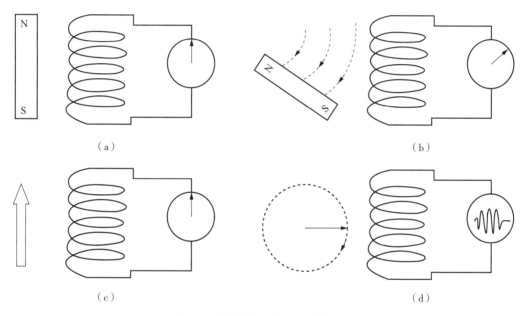

（a）　　　　　　　　　　　　　　　（b）

（c）　　　　　　　　　　　　　　　（d）

图 3-7　利用线圈探测宏观磁化矢量

　　(a)当把磁铁纵向放在线圈旁边不动,电路中将不会有感应电流产生,电流表指针不发生偏转;(b)把磁铁对着线圈横扫一下(虚弧线黑箭头),由于磁力线切割线圈,电流中将产生感应电流,电流表指针发生偏转;(c)由于进入主磁场后组织中的宏观纵向磁化矢量(图左侧空心箭头)方向保持不变,不切割线圈,因此线圈环路中将没有电信号产生;(d)旋转(图左侧虚线圆圈箭头)的宏观横向磁化矢量(图左侧横向粗黑箭头)将切割线圈而产生电信号

八、磁共振现象

　　如果我们给处于主磁场中的人体组织一个射频脉冲,这个射频脉冲的频率与质子的进动频率相同,射频脉冲的能量将传递给处于低能级的质子,处于低能级的质子获得能量后将跃迁到高能级(图 3-8),我们把这种现象称为磁共振现象。

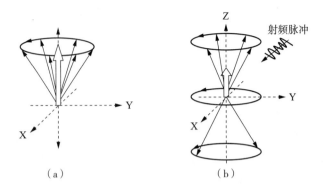

图 3-8 磁共振现象

(a)人体组织进入主磁场后,组织中处于低能级的质子略多于处于高能级的质子(图中 6 个向上绕着主磁场进动的小箭所示),这部分多出来的质子的纵向磁化分矢量相互叠加,形成与主磁场方向一致的宏观纵向磁化矢量(向上粗箭头);(b)给予组织一个射频脉冲后,低能级的氢质子将获得能量跃迁到高能级状态,原有的 6 个低能质子中有 2 个跃迁到高能级(图中向下并绕着主磁场进动的小箭所示)。这时宏观纵向磁化矢量将因部分被抵消而减小(向上粗箭头)

从微观角度来说,磁共振现象是低能级的质子获得能量跃迁到高能级。从宏观的角度来说,磁共振现象的结果是使宏观纵向磁化矢量发生偏转,偏转的角度与射频脉冲的能量有关,能量越大偏转角度越大(图 3-9)。如果射频脉冲使宏观纵向磁化矢量偏转的角度小于 90°,我们称这种脉冲为小角度脉冲。当射频脉冲的能量正好使宏观纵向磁化矢量偏转 90°,即完全偏转到 X、Y 平面并产生一个最大的旋转宏观横向磁化矢量,我们称这种脉冲为 90°脉冲。如果射频脉冲的能量足够大,使宏观纵向磁化矢量偏转 180°,即产生一个与主磁场方向相反的宏观纵向磁化矢量,我们把这种射频脉冲称为 180°反转脉冲。射频脉冲能量的大小与脉冲强度及持续时间有关,当宏观纵向磁化矢量的偏转角度确定时,射频脉冲的强度越大,需要持续的时间越短。

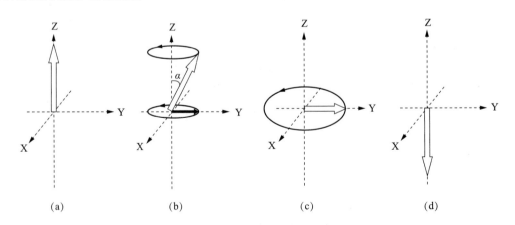

图 3-9 能量大小不同的射频脉冲造成宏观磁化矢量的变化

(a)组织进入主磁场后,在没有施加射频脉冲激发之前,组织中只有一个与主磁场方向(Z 轴)一致的宏观纵向磁化矢量(向上空白粗箭头),这种状态被称为平衡状态;(b)当给予组织一个能量较低的射频脉冲,宏观纵向磁化矢量偏转较小的角度(α 角),这种脉冲被称为小角度脉冲,这时组织中产生一个较小的旋转(带箭头圆圈)宏观横向磁化矢量(向右实心黑箭头);(c)当射频脉冲给予组织的能量恰好使宏观纵向磁化矢量偏转90°,形成一个最大的旋转(带箭头圆圈)宏观横向磁化矢量(向右空白粗箭头),这种脉冲被称为90°脉冲;(d)当射频脉冲的能量足够大,使组织中低能级超出高能级的那部分氢质子全部获得能量跃迁到高能级状态,这时组织将产生一个与主磁场方向相反的宏观纵向磁化矢量(向下空白粗箭头),即组织中原有的宏观纵向磁化矢量偏转了180°,这种脉冲被称为180°反转脉冲

九、90°射频脉冲的微观和宏观效应

接收线圈仅能接收旋转的宏观横向磁化矢量,因此在MRI中必须有宏观横向磁化矢量的产生。在各种角度的射频脉冲中,90°射频脉冲产生的横向宏观磁化矢量最大。下面让我们来看看90°脉冲激发后的微观效应和宏观效应。

90°脉冲的微观和宏观效应可以分解成两个部分来理解(图3-10):①90°脉冲使处于低能级多出处于高能级的那部分质子,有一半获得能量进入高能级状态,这就使处于低能级和高能级的质子数目完全相同,两个方向的纵向磁化分矢量相互抵消,因此宏观纵向磁化矢量等于零;②90°脉冲前,质子的横向磁化分矢量相位不同,90°脉冲可使质子的横向磁化分矢量处于同一相位,因而产生了一个最大的旋转宏观横向磁化矢量。

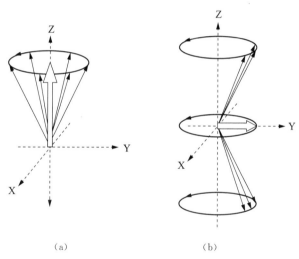

（a）　　　　　　　　　　　（b）

图3-10　90°脉冲激发前后微观和宏观磁化矢量的变化

X、Y、Z虚线坐标分别代表X、Y、Z轴。(a)90°脉冲激发前(即平衡状态),处于低能级的质子略多于处于高能级者(图中标出多出6个),从而产生与主磁场同向的宏观纵向磁化矢量(向上空白粗箭头),但由于质子相位不同,没有宏观横向磁化矢量产生。(b)90°脉冲激发后,低能级超出高能级的质子有一半(3个)获得能量跃迁到高能级,此时处于高能级和低能级的质子数完全相同,宏观纵向磁化矢量消失;同时由于射频脉冲的聚相位效应,这些质子的横向磁化分矢量相互叠加,从而产生了旋转(带箭头圆圈)的宏观横向磁化矢量(横向空箭头)

90°脉冲激发后组织中所产生的宏观横向磁化矢量的大小与脉冲激发前(即平衡状态下)的宏观纵向磁化矢量的大小有关,而平衡状态下宏观纵向磁化矢量的大小与组织中的质子含量(即质子密度)成正比。组织质子密度越高,其宏观纵向磁化矢量越大,90°脉冲激发后产生的宏观横向磁化矢量越大,切割接收线圈产生的电信号越强,MR信号就越高;反之组织质子密度越低,其宏观纵向磁化矢量越小,90°脉冲激发后产生的旋转宏观横向磁化矢

量越小,切割线圈产生的电信号越弱,MR 信号就越低。这样 MR 图像就能区分质子密度高低不同的人体组织了。但是仅仅区分不同组织的质子含量差别,对于临床诊断来说是远远不够的,所以我们一般并不总在射频脉冲激发后马上采集 MR 信号,而是在射频脉冲关闭后等待一定时间并对信号进行干预和采集。

十、核磁弛豫

90°射频脉冲激发后的瞬间,组织中没有宏观纵向磁化矢量,而产生了最大的旋转宏观横向磁化矢量;当 90°脉冲关闭,我们可以注意到组织中的宏观横向磁化矢量从最大逐渐缩小直至完全衰减,而宏观纵向磁化矢量从零逐渐恢复直至最大即平衡状态,我们把这个过程或现象称为核磁弛豫(图 3-11)。核磁弛豫又可分解成两个相对独立的部分:①横向磁化矢量逐渐减小直至消失,称为横向弛豫;②纵向磁化矢量逐渐恢复直至最大值(平衡状态),称为纵向弛豫。

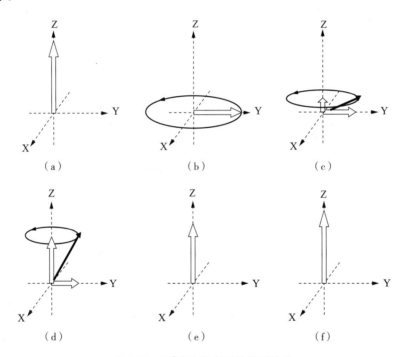

图 3-11　90°脉冲激发后的核磁弛豫

(a)~(f)是随时间逐渐变化的过程。(a)在激发前平衡状态下,组织中只有宏观纵向磁化矢量(向上空白粗箭头);(b)90°脉冲激发后即刻,组织中宏观纵向磁化矢量消失,产生一个旋转(带箭头圆圈)的宏观横向磁化矢量(水平空白粗箭头);(c)等待一段时间后,组织中的宏观横向磁化矢量有所缩小,宏观纵向磁化矢量有所恢复;(d)再等待一段时间后,组织中的宏观横向磁化矢量进一步缩小,宏观纵向磁化矢量恢复更多;(e)再过一段时间,组织中的宏观横向磁化矢量已经完全衰减,而宏观纵向磁化矢量进一步恢复;(f)到最后,组织中的宏观纵向磁化矢量已经完全恢复到平衡状态

1. 自由感应衰减和横向弛豫

90°脉冲关闭后,组织中的宏观横向磁化矢量将逐渐减小,最后将衰减到零。90°脉冲使组织中原来相位不一致的质子群处于同相位进动,质子小磁场的横向磁化分矢量相互叠加,

从而产生旋转的宏观横向磁化矢量。90°脉冲关闭后，宏观横向磁化矢量衰减的原因与之相反，同相位进动的质子群逐渐失去了相位的一致，其横向磁化分矢量的叠加作用逐渐减弱，因此宏观横向磁化矢量逐渐减小直至完全衰减(图 3-12)。

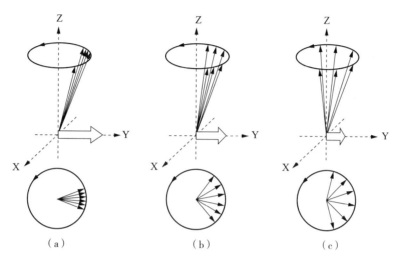

图 3-12　宏观横向磁化矢量的衰减

　　(a)～(c)的上部分均为坐标图，下部分均示沿 Z 轴方向观察质子的横向磁化分矢量的变化。(a)90°脉冲使质子群聚相位，其横向磁化分矢量相互叠加，产生一个最大的旋转宏观横向磁化矢量(水平方向空白箭头)；(b)90°脉冲关闭一段时间后，同相位进动的质子群逐渐失去相位一致，其横向磁化分矢量叠加作用减弱，造成宏观横向磁化矢量减小(水平方向空白箭头)；(c)再等待一段时间，质子群失相位更为明显，宏观横向磁化矢量进一步衰减(水平方向空白箭头)

　　导致质子群失相位的原因主要有两个：①质子周围磁环境随机波动。每个质子都暴露在周围无数个其他原子核和电子的磁场微环境中，而周围这些带电粒子一直处于热运动状态，这将造成质子群所感受的磁场微环境的随机波动，即质子群所感受到的磁场强度存在随机变化，也就造成了质子之间的进动频率出现差别，结果将造成原来同相位进动的质子群逐渐失去相位的一致性，其横向磁化分矢量的叠加作用逐渐减弱，因此其宏观横向磁化矢量逐渐衰减。②主磁场的不均匀。尽管我们追求主磁场的高度均匀，但实际上主磁场总是一定程度的不均匀，这种主磁场不均匀性同样会使同相位进动的质子群逐渐失去相位一致，也造成宏观横向磁化矢量逐渐衰减。

　　由于受上述两个方面磁场不均匀的影响，实际上 90°射频脉冲关闭后，宏观横向磁化矢量将呈指数式的快速衰减，我们把宏观横向磁化矢量的这种衰减称为自由感应衰减(free induction decay，FID)，也称 T2* 弛豫[图 3-13(a)]。

　　利用 180°聚焦脉冲可以剔除主磁场不均匀造成的宏观横向磁化矢量衰减，组织由于质子群周围磁场微环境随机波动造成宏观横向磁化矢量的衰减才是真正的横向弛豫，即 T2 弛豫[图 3-13(b)]。T2 弛豫的能量传递发生于质子群内部，即质子与质子之间，因此 T2 弛豫也称自旋-自旋(spin-spin)弛豫。

　　一般用 T2 值来描述组织横向弛豫的快慢。90°射频脉冲的施加，使某组织宏观横向磁化矢量达到最大值，以此时刻为起点，以 T2 弛豫造成的横向磁化矢量衰减到最大值的 37%

为终点,起点与终点之间的时间间隔即为该组织的T2值[图3-14(a)]。在90°射频脉冲关闭最初阶段即横向磁化矢量较大时,组织的T2弛豫速度最快。随着宏观横向磁化矢量的衰减,T2弛豫越来越慢,理论上一般需要某组织T2值的5倍时间,该组织的T2弛豫全部完成[图3-14(c)]。

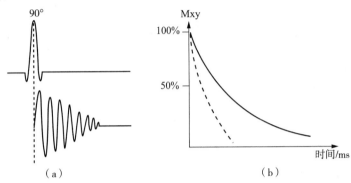

图 3-13　自由感应衰减与 T2 弛豫

(a)90°脉冲使组织产生最大的旋转横向磁化矢量,因此线圈所采集到的信号幅度最大;90°脉冲关闭后由于质子群受周围磁化微环境波动及主磁场不均匀的双重影响,引发质子群很快失相位,线圈所采集到的信号幅度随时间(从左往右)呈现指数式快速衰减。(b)是个坐标图,纵坐标代表宏观横向磁化矢量(Mxy)的大小,横坐标代表时间。90°脉冲施加的瞬间,组织中的宏观横向磁化矢量达到最大(100%);90°脉冲关闭后,组织中的宏观横向磁化矢量逐渐衰减。虚曲线代表自由感应衰减(T2* 弛豫),宏观横向磁化矢量随时间衰减很快;如果利用 MRI 技术剔除主磁场不均匀造成的宏观横向磁化矢量衰减,则组织中的宏观横向磁化矢量衰减要慢得多(实曲线所示),这才是真正的 T2 弛豫

不同的组织由于组织结构的不同,质子群周围其他带电粒子自由运动造成磁场微环境随机波动程度存在差别,组织内质子群失相位的速度将存在差别,其宏观磁化矢量衰减速度即 T2 弛豫速度存在差别,因此不同组织之间的 T2 值将存在差别[图3-14(b)]。正因为不同的组织之间存在的 T2 值的不同,磁共振的 T2 加权成像(T2-weighted imaging,T2WI)方能区分不同的解剖结构,并能区分正常组织与病变组织。

2. 纵向弛豫

在前面磁共振现象一节我们讲过,给予组织一个频率与氢质子进动频率一致的射频脉冲激发后,组织中处于低能级的氢质子将吸收射频脉冲的能量跃迁到高能级状态,射频脉冲激发的宏观效应是使组织的宏观纵向磁化矢量偏离平衡状态。射频脉冲的能量越大,组织中宏观纵向磁化矢量偏离平衡状态越明显,如 30°的小角度激发后,宏观磁化矢量偏离 30°,即宏观纵向磁化矢量有所减少,而产生一个较小的宏观横向磁化矢量;90°脉冲激发后,宏观纵向磁化矢量消失,产生一个最大的宏观横向磁化矢量;180°脉冲激发后,则宏观纵向磁化矢量方向反转,变成与主磁场方向相反,但大小不变。

当射频脉冲关闭后,在主磁场的作用下,组织中的宏观纵向磁化矢量将逐渐恢复到激发前的状态即平衡状态,我们把这一过程称为纵向弛豫,即 T1 弛豫。

以 90°脉冲为例,90°脉冲使宏观纵向磁化矢量消失,射频脉冲关闭后,纵向磁化矢量将从零开始逐渐恢复直至平衡状态(图3-15)。我们一般用 T1 值来描述组织的纵向弛豫的快慢。以 90°脉冲关闭后某组织的宏观纵向磁化矢量为零,以此为起点,以宏观纵向磁化矢量

恢复到最大值的63%为终点,起点和终点的时间间隔即该组织的T1值(图3-15)。

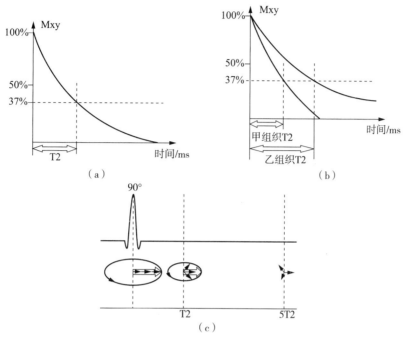

图3-14 组织T2值

(a)和(b)中纵坐标代表宏观横向磁化矢量的大小,横坐标代表时间。(a)90°脉冲使组织的宏观横向磁化矢量达到最大,以此时间点为起点;90°脉冲关闭后由于T2弛豫,组织的宏观横向磁化矢量逐渐衰减,衰减到只剩下最大值的37%的时间点为终点,起点与终点的时间间隔定义为该组织的T2值。(b)不同的组织由于结构不同,其T2弛豫的速度存在差别,甲组织的T2弛豫比乙组织要快,其T2值比乙组织的T2值要短。(c)90°脉冲关闭后,一般需要5倍的T2值,组织的T2弛豫方全部完成,即宏观横向磁化矢量衰减到零

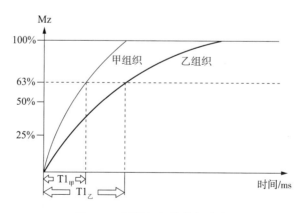

图3-15 不同组织的纵向弛豫

纵坐标为纵向磁化矢量(Mz)的大小(以%表示),横坐标为时间(以ms表示)。图中细曲线为甲组织的纵向弛豫曲线,粗曲线为乙组织的纵向弛豫曲线。以90°脉冲关闭的瞬间组织中宏观纵向磁化矢量为零的时间点为起点,以某组织的宏观纵向磁化矢量恢复到最大值的63%的时间点为终点,起点与终点的时间间隔为该组织的T1值。图中甲组织的纵向弛豫比乙组织的纵向弛豫快,其T1值比乙组织的T1值要短

前面已经提到,射频脉冲使低能级的质子获能跃迁到高能级。纵向弛豫则正好与之相反,是处于高能级状态的质子释放出能量回到低能级状态的过程。纵向弛豫实际上也是一个共振过程,因此处于高能级状态的质子释放能量的速度与其周围分子的自由运动频率有关,质子周围分子的自由运动频率与质子的进动频率越接近,能量的释放越快,组织的纵向弛豫就越快。周围分子的自由运动频率明显高于或低于质子的进动频率,则这种能量释放很慢,组织的纵向弛豫所需时间就很长。

磁共振物理学中,通常把质子周围的分子称为晶格,因此也把纵向弛豫称为自旋-晶格弛豫。不同的组织由于质子周围的分子自由运动频率不同,其纵向弛豫速度存在差别,即 T1 值不同(图 3-15)。各种组织的 T1 弛豫差别也是 MRI 之所以能够区分不同组织的基础。

3. T1 弛豫与 T2 弛豫的关系及主磁场强度对弛豫的影响

组织的 T1 弛豫与 T2 弛豫存在着一定的内在联系,但又是相对独立的两个不同过程,其发生的机制、表现形式及速度均有明显的差别。T1 弛豫需要把质子群内部的能量传递到质子外的其他分子,所需要的时间较长;而横向弛豫的能量传递发生于质子群内部,即质子与质子之间,所需要的时间较短。因此所有组织的 T1 值都比其 T2 值要长很多,一般组织的 T1 值为数百毫秒到数千毫秒,而 T2 值仅为数十毫秒到一百多毫秒,少数达数百毫秒。还需要指出的是,主磁场强度将会影响组织的 T1 弛豫和 T2 弛豫。一般情况下,随场强的增高,组织的 T1 值延长,而 T2 值改变不明显。

第二节　磁共振信号的产生

一、磁共振信号

磁共振接收线圈只能采集到旋转的宏观横向磁化矢量,而宏观横向磁化矢量切割接收线圈而产生的电信号实际上就是原始的磁共振信号。这里还要补充一点,在 MRI 中,无论是什么脉冲序列,什么加权成像,只要在 MR 信号采集时刻,某组织的宏观横向磁化矢量越大,其切割接收线圈产生的电信号(也即磁共振信号)越强,在 MR 图像上该组织的信号强度就越高(图 3-16)。本节所要介绍的是宏观横向磁化矢量的几种基本记录方式或称采集方式,不同的采集方式采集到不同类型的磁共振信号。

如图 3-16 所示,磁共振接收线圈只能采集到旋转的宏观横向磁化矢量,当信号采集时刻,如果甲组织的宏观横向磁化矢量大于乙组织[图(a)],则线圈探测到的甲组织信号幅度将大于乙组织[图(b)],在图像上甲组织的信号强度将高于乙组织。这是所有磁共振成像序列的共同规则。

二、自由感应衰减信号

接受某种射频脉冲(如 90°脉冲)的激发,组织中将产生宏观横向磁化矢量,射频脉冲关闭后组织中的宏观横向磁化矢量由于受 T2 弛豫和主磁场不均匀双重因素的影响,而以指数形式较快衰减,即自由感应衰减。如果利用磁共振接收线圈直接记录横向磁化矢量的这种自由衰减,得到的磁共振信号就是自由感应衰减信号(图 3-17)。

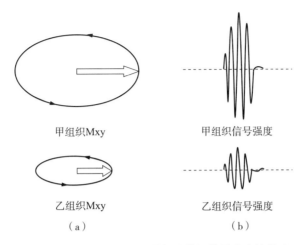

甲组织Mxy　　　　　甲组织信号强度

乙组织Mxy　　　　　乙组织信号强度

（a）　　　　　　　　（b）

图 3-16　宏观横向磁化矢量与磁共振信号强度的关系

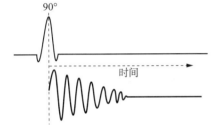

图 3-17　自由感应衰减信号

受 90°脉冲的激发,组织中将产生宏观横向磁化矢量,射频脉冲关闭后,组织中的宏观横向磁化矢量将以指数形式快速衰减,利用接收线圈采集记录这种衰减得到的就是自由感应衰减信号。图中从左到右代表时间,可见图 3-17 下方的波形幅度(代表磁共振信号的强弱)很快衰减

三、自旋回波信号

已如前述,射频脉冲激发后,组织中将产生宏观横向磁化矢量,射频脉冲关闭后,组织中的宏观横向磁化矢量将开始发生自由感应衰减。在核磁弛豫一节中我们已经知道,宏观横向磁化矢量发生自由感应衰减的机制是同相位进动的质子逐渐失去相位一致,而造成质子失相位的原因有两个:一个是真正的 T2 弛豫,另一个为主磁场的不均匀。如果能把主磁场不均匀造成的质子失相位效应剔除,采集到的宏观横向磁化矢量衰减信息才能真正反映组织的 T2 弛豫。剔除主磁场不均匀造成的质子失相位所采用的办法是 180°聚焦脉冲。180°聚焦脉冲所能纠正的是主磁场的恒定不均匀造成的质子失相位,也就是说某处的磁场强度略高于另一处,这种差别是保持不变的,这样所引起某处的质子进动频率略高于另一处这种差别也是保持不变的(图 3-18)。

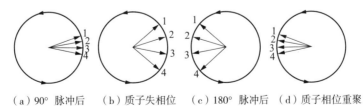

（a）90°脉冲后　（b）质子失相位　（c）180°脉冲后　（d）质子相位重聚

图 3-18　180°聚焦脉冲的作用机制

(a)~(d)均为沿 Z 轴方向观察 XY 平面上质子横向磁化分矢量的变化。(a)90°脉冲使质子 1,2,3,4 的

横向磁化分矢量相位聚在一起,将形成宏观横向磁化矢量;(b)随着时间的推移,由于主磁场的恒定不均匀,质子 1 进动频率最高,其相位处于最前面,质子 4 进动频率最低,相位处于最后;(c)180°脉冲使质子 1,2,3,4 相位偏转 180°,结果质子 1 的相位落到最后,而质子 4 的相位处于最前面;(d)经过同样的时间间隔后,质子 1 由于进动频率还是最高,将赶上质子 4 的相位,质子群的相位再次重聚,产生宏观横向矢量

图 3-18 中,我们沿 Z 轴方向看 XY 平面上质子横向磁化分矢量的变化,假定质子的进动方向为逆时针方向,且进动方向保持不变。90°脉冲激发后质子的横向磁化分矢量相位一致。随着时间推移,由于主磁场不均匀,质子的横向磁化分矢量逐渐失相位,到了 180°脉冲施加前的即刻,质子 1 进动最快,相位走在最前面,质子 4 进动最慢,其相位落在最后;施加 180°聚焦脉冲后即刻,所有质子的相位反转了 180°,即进动最慢的质子 4 的相位到了最前面,进动最快的质子 1 的相位则落到最后面,我们把 90°脉冲与 180°脉冲的时间间隔称为 τ。与施加 180°脉冲前的即刻相比,各质子的相位先后顺序倒排,但相位的差值保持不变。180°聚焦脉冲后,各质子将以原来的频率继续进动,即质子 1 依然进动最快,而质子 4 依然进动最慢;随着时间的推移,质子群的相位逐渐重聚,将形成一个逐渐增大的宏观横向磁化矢量;经过一个与 τ 相同的时间即 2 倍 τ 时刻,进动最快的质子 1 正好赶上进动最慢的质子 4,由于主磁场恒定不均匀造成的相位离散彻底抵消,质子群相位得到最大程度重聚,将形成最大的宏观横向磁化矢量。从此时刻开始,由于主磁场不均匀造成的质子群进动频率差别依然存在,自由感应衰减再次发生,组织中的宏观横向磁化矢量又逐渐衰减。因此 180°脉冲后组织中的宏观横向磁化矢量经历了逐渐增大,到了最大值后又逐渐衰减的过程,利用接收线圈记录这一变化过程将得到一个回波(图 3-19),所产生的回波称为自旋回波(spin echo,SE)。

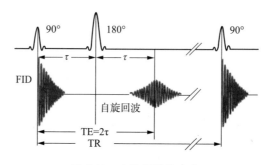

图 3-19　自旋回波的产生

90°脉冲产生了宏观横向磁化矢量,90°脉冲关闭后,由于主磁场的不均匀造成了质子群失相位,组织中的宏观横向磁化矢量逐渐衰减,即发生自由感应衰减。到 τ 时刻,施加了一个 180°聚焦脉冲,质子群逐渐聚相位,组织中宏观横向磁化矢量逐渐增大;到了 2 倍 τ 时刻,质子群得以最大程度聚相位,组织中的宏观横向磁化矢量达到最大值;从此时刻开始,质子群又逐渐失相位,组织中的宏观横向磁化矢量又逐渐衰减。利用接收线圈记录这种宏观横向磁化矢量的变化过程,将得到自旋回波(spin echo,SE)。把 90°脉冲中点到回波中点的时间间隔称为回波时间(echo time,TE)

四、梯度回波信号

梯度回波(gradient recalled echo,GRE)也是一种 MRI 的回波信号,自旋回波的产生是利用了 180°聚焦脉冲,而梯度回波的产生则与之不同。GRE 是利用读出梯度场的切换产生的回波(图 3-20)。射频脉冲激发后,在读出方向(即频率编码方向)上先施加一个梯度场,这

个梯度场与主磁场叠加后将造成频率编码方向上的磁场强度差异,该方向上质子的进动频率也随之出现差异,从而加快了质子群的失相位,质子群的失相位的速度比自由感应衰减更快,组织的宏观横向磁化矢量很快衰减到零,我们把这一梯度场称为离相位梯度场。这时立刻在频率编码方向施加一个强度相同方向相反的梯度场,原来在离相位梯度场作用下进动频率慢的质子进动频率加快,原进动频率快的质子进动频率减慢,这样由于离相位梯度场造成的质子失相位将逐渐得到纠正,组织的宏观横向磁化矢量逐渐恢复,经过与离相位梯度场作用相同的时间后,因离相位梯度场引起的质子失相位得到纠正,组织的宏观横向磁化矢量逐渐恢复直到信号幅度的峰值,我们把这一梯度场称为聚相位梯度场;从此时间点后,在聚相位梯度场的作用又变成离相位梯度场,质子又发生相位的离散,组织的宏观横向磁化矢量又开始衰减直至到零。这样组织中的宏观横向磁化矢量就经历了从零到最大又从最大到零的过程,利用接收线圈记录宏观横向磁化矢量的变化过程,将得到一个回波信号,由于这种回波的产生仅利用读出梯度场切换产生,因此被称为梯度回波。由于没有采用聚焦脉冲,不能剔除主磁场不均匀造成的宏观横向磁化矢量的衰减,与自旋回波相比,梯度回波的信号强度相对较弱,因此梯度回波的内在信噪比相对较低。

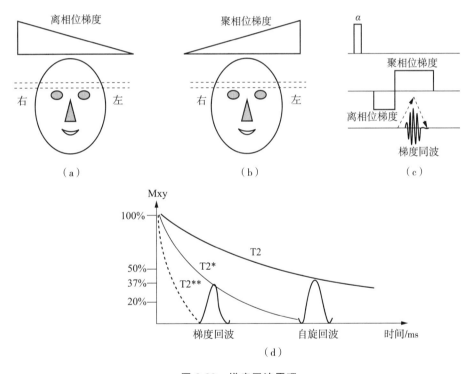

图 3-20　梯度回波原理

　　以头颅横断面且频率编码方向为左右为例。在射频脉冲激发后,在频率编码方向上先施加一个右高左低的离相位梯度场[图(a)],这样就造成右边的质子进动频率明显高于左边的质子,加快了质子的失相位,因而组织的横向磁化矢量很快消失。这时依然在频率编码方向上施加强度相同,方向相反即右低左高的聚相位梯度场[图(b)],原来进动频率高的右边质子进动变慢,而原来进动频率低的左边质子进动变快,由于离相位梯度场造成的失相位逐渐得以纠正,组织宏观横向磁化矢量逐渐恢复[图(c)上升箭头],当聚相位梯度场作用时间达到与离相位梯度场一样时,离相位梯度场造成的失相位得以完全纠正,信号强度得到峰值,从此时刻后,在聚相位梯度场的继续作用下,质子又发生了失相位,组织宏观横向磁化矢量又开始出现衰减直到零[图(c)下降箭头],从而形成一个完整的梯度回波。图(d)以宏观横向磁化矢量(Mxy)为纵坐标,以时间为横坐标,粗曲线为T2弛豫曲线,细曲线为$T2^*$弛豫曲线,虚曲线为施加离相位梯度场后的组织横向磁化矢量的衰减曲线($T2^{**}$)。$T2^*$弛豫受T2弛豫和主磁场不均匀两种因素影响,SE序列的180°聚焦脉冲可以剔除主磁场不均匀造成的质子失相位,因而将得到组织真正的T2弛豫信息(SE)。GRE序列施加的离相位梯度场将加快质子的失相位,图(d)示虚曲线($T2^{**}$)下降明显快于细曲线($T2^*$),而聚相位梯度场只能剔除离相位梯度场造成的质子失相位,因而得到的只能是$T2^*$弛豫信息(GRE)。由于$T2^*$弛豫明显快于T2弛豫,如图(d)所示即便GRE序列选用的TE比SE序列选用的TE短,其回波幅度也常常不如SE序列。因此总的来说,GRE序列图像的固有信噪比低于SE序列

第三节 磁共振的加权成像

通过前面几节所介绍的内容,我们已经知道不同的组织可能存在质子含量(质子密度)、T1值及T2值等方面的差别,这正是常规MRI能够显示正常解剖结构及病变的基础。下面我们看看如何通过磁共振的加权成像技术来反映不同组织间的这些差别,从而显示不同的解剖结构并区分正常组织与病变组织。本节仅介绍加权成像的原理,并不涉及MRI脉冲序列。

一、"加权"的含义

所谓加权是"突出重点"的意思,也即重点突出组织某方面特性的意思。之所以要加权是因为在MRI过程中,组织的多方面特性(如质子密度、T1值、T2值等)均可能对其磁共振信号的强弱有影响,如果这些影响因素不加区分地混杂在一起,至少可能带来两个问题:①通过观察图像无法辨别组织信号强度高低到底反映的是组织的什么特性;②这些影响组织信号强度的因素混杂在一起将可能降低不同组织之间的对比,磁共振图像的组织分辨力降低。我们可以通过成像脉冲序列的选择及成像参数的调整,使MR图像主要反映组织某方面特性,而尽量抑制组织的其他特性对MR信号强度的影响,这就是"加权"成像。T1加权成像(T1-weighted imaging,T1WI)是指图像中组织信号强度的高低主要反映的是组织的纵向弛豫差别;T2加权成像(T2-weighted imaging,T2 WI)重点突出的是不同组织之间的横向弛豫差别;而质子密度加权成像(proton density weighted imaging,PDWI)则主要反映单位体积的不同组织之间的质子含量差别。在介绍加权成像技术的原理之前,我们还需要再次强调前面章节已经学过的知识:①MRI的接收线圈检测不到宏观纵向磁化矢量,而只能检测到旋转的宏观横向磁化矢量;②采集信号时组织中旋转的宏观横向磁化矢量越大,产生的磁共振信号越强。

二、质子密度加权成像

质子密度加权成像主要反映单位体积不同组织间质子含量的差别。质子密度加权成像很容易实现,以甲、乙两种组织为例,甲组织质子含量高于乙组织质子含量,进入主磁场后,质子含量高的甲组织产生的宏观纵向磁化矢量大于乙组织;射频脉冲(如90°脉冲)激发后,甲组织产生的旋转宏观横向磁化矢量就大于乙组织,这时马上检测MR信号,甲组织产生的MR信号

将高于乙组织,即质子密度越高,MR信号强度越大,这就是质子密度加权成像(图3-21)。

在人体MRI中,蛋白质等大分子物质的氢质子由于T2值很短,几乎不能产生MR信号,因此一般组织的MR信号主要来自组织中水分子和(或)脂肪中的氢质子,在一般的非脂肪组织中主要是指水分子中的氢质子,因此实际上一般组织中,质子密度加权成像主要反映的是组织中水分子的多少。人体中如脑脊液、胆汁、尿液等水样结构的水分子含量最高,因此在质子密度加权像上这些结构的信号强度最高。需要指出的是在临床上进行的一些所谓质子密度加权成像图上,由于成像参数的限制,得到的并非真正的质子密度加权图像,因此前述的水样结构在图像上信号强度并不很高。

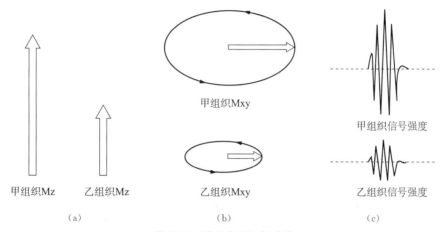

图3-21　质子密度加权成像

(a)中由于甲组织的质子含量高于乙组织,进入主磁场所产生的宏观纵向磁化矢量(Mz)将大于乙组织;图(b)示90°脉冲激发后,甲组织产生的宏观横向磁化矢量也大于乙组织;图(c)示接收线圈探测到甲组织的MR信号强度大于乙组织的信号强度

三、T2加权成像和T2*加权成像

T2WI主要反映不同组织间横向弛豫的差别。必须用聚焦脉冲采集自旋回波方可获得组织真正T2弛豫的信息。以甲、乙两种组织为例,假设这两种组织质子密度相同,但甲组织的横向弛豫比乙组织慢(即甲组织的T2值长于乙组织的T2值)。进入主磁场后由于质子密度一样,甲乙两种组织产生的宏观纵向磁化矢量大小相同,一个射频脉冲(如90°脉冲)激发后,两种组织产生的旋转宏观横向磁化矢量的大小也相同,我们不马上检测MR信号;90°脉冲关闭后,甲乙两种组织的质子将发生横向弛豫,由于甲组织横向弛豫比乙组织慢,到一定时刻,甲组织衰减掉的宏观横向磁化矢量少于乙组织,其残留的宏观横向磁化矢量将大于乙组织,这时检测MR信号,甲组织的MR信号强度将高于乙组织,这样就实现了T2WI(图3-22)。

在T2WI上,组织的T2值越大,其MR信号强度越大(图3-23)。在人体各种组织中,水样结构如脑脊液、尿液、胆汁等T2值最大,因此在T2WI上信号强度最高。对于脑组织,正常灰质的T2值大于白质,因此在T2WI上灰质的信号强度高于白质。在腹部T2WI上,正常脾脏的信号强度高于肝脏。

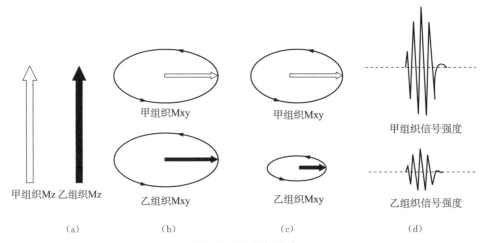

图 3-22　T2 加权成像

（a）由于甲乙两种组织的质子密度相同，进入主磁场后产生的宏观纵向磁化矢量（Mz）也相同；（b）90°脉冲激发后两种组织产生的宏观横向磁化矢量（Mxy）也相同，但此时不探测 MR 信号；（c）经过一定时间后，甲组织由于横向弛豫速度比乙组织慢，残留的横向磁化矢量（Mxy）大于乙组织；（d）此时接收线圈探测到甲组织的 MR 信号强度大于乙组织

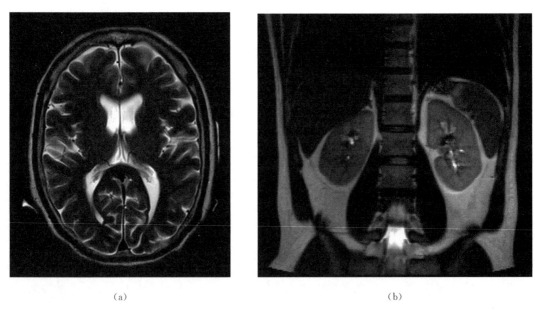

图 3-23　T2WI 上主要组织的信号特点

（a）为颅脑横断面快速自旋回波 T2WI；（b）为腹部冠状面半傅立叶采集单次激发快速自旋回波屏气 T2WI。可见 T2 值很长的水样结构如脑脊液、胆汁、胃肠液等均呈现很高信号。脑灰质信号高于白质；脾脏信号高于肝脏

前面所述的 T2WI 的回波信号必须采用聚焦脉冲来获得，如果不采用聚焦脉冲而仅用读出梯度场的切换获取梯度回波信号，则磁共振信号反映的不是真正的 T2 弛豫信息而是 T2* 弛豫信息，因此得到的不是 T2WI 而是 T2* WI。尽管两种加权成像技术产生组织对比的基本原理相似，但总体上 T2* WI 的信噪比低于 T2WI。

四、T1 加权成像

T1WI 主要反映组织纵向弛豫的差别。我们还是以甲、乙两种组织为例。假设这两种组织质子密度相同,但甲组织的纵向弛豫比乙组织快(即甲组织的 T1 值短于乙组织)。进入主磁场后由于质子密度一样,甲乙两种组织产生的纵向磁化矢量大小相同,一个射频脉冲(如 90°脉冲)后产生的宏观横向磁化矢量的大小也相同,我们先不去理会这种宏观横向磁化矢量,也不马上检测 MR 信号。射频脉冲关闭后,甲乙两种组织将发生纵向弛豫,由于甲组织的纵向弛豫比乙组织快,过一定时间以后,甲组织已经恢复的宏观纵向磁化矢量将大于乙组织。由于接收线圈不能检测到这种纵向磁化矢量的差别,必须使用第二个 90°脉冲。第二个 90°脉冲后,甲、乙两组织的宏观纵向磁化矢量将发生偏转,产生宏观横向磁化矢量,因为这时甲组织的纵向磁化矢量大于乙组织,其产生的宏观横向磁化矢量将大于乙组织,这时马上检测 MR 信号,甲组织产生的 MR 信号将高于乙组织。尽管这时检测到的依然是宏观横向磁化矢量的差别,但这种宏观横向磁化矢量实际上代表第二个 90°脉冲前宏观纵向磁化矢量的差别,而这种宏观纵向磁化矢量的差别是因为甲、乙两种组织的纵向弛豫不同造成的,因此是 T1 加权成像(图 3-24)。

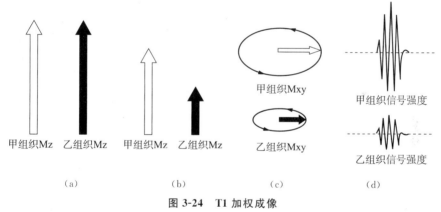

甲组织Mz　乙组织Mz　　甲组织Mz　乙组织Mz　　甲组织Mxy　乙组织Mxy　　甲组织信号强度　乙组织信号强度

　　(a)　　　　　　(b)　　　　　　(c)　　　　　　(d)

图 3-24 T1 加权成像

(a)由于甲乙两种组织的质子密度相同,进入主磁场后产生的宏观纵向磁化矢量(Mz)也相同;90°脉冲将使宏观纵向磁化矢量变成零,90°脉冲关闭后两种组织发生纵向弛豫(即 Mz 从零开始逐渐恢复),由于甲组织 T1 值比乙组织短,过了一段时间到图(b)所示的时刻,甲组织已经恢复的宏观纵向磁化矢量大于乙组织;图(c)所示为施加第二个 90°脉冲后,甲乙两组织的纵向磁化矢量偏转到 XY 平面,甲组织产生的宏观横向磁化矢量(Mxy)大于乙组织,此时立刻采集 MR 信号;图(d)所示为接收线圈探测到甲组织的 MR 信号强度大于乙组织

在 T1WI 上,组织的 T1 值越小,其 MR 信号强度越大(图 3-25)。在人体各种组织中,水样结构如脑脊液、尿液、胆汁等 T1 值最大,因此在 T1WI 上信号强度很低;而脂肪组织的T1 值最短,因此在 T1WI 上其信号强度最高。对于脑组织,正常灰质的 T1 值大于白质,因此在 T2WI 上灰质的信号强度低于白质。在腹部 T1WI 上,正常脾脏的信号强度低于肝脏,正常肾脏髓质的信号强度低于皮质。

由图 3-25 可见短 T1 的脂肪组织呈现明显的高信号;长 T1 的脑脊液呈现很低信号;脑白质信号高于灰质;肝脏信号高于脾脏信号;肾脏皮质信号高于髓质。

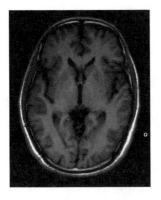 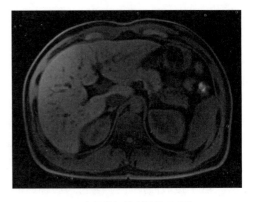

(a) 颅脑横断面自旋回波 T1WI   (b) 腹部扰相梯度回波 T1WI

图 3-25　T1WI 上各主要组织的信号特点

五、其他加权成像技术

前面所述的是 MRI 中最基本的几种加权成像技术,反映的是组织的一般特性。实际上还可利用磁共振技术进行其他加权成像技术来反映组织的一些特殊性质,如可以利用扩散加权成像(diffusion-weighted imaging,DWI)技术来反映活体组织中水分子布朗运动,利用灌注加权成像(perfusion-weighted imaging,PWI)技术可以反映组织的微循环状态,磁敏感加权成像(susceptibility-weighted imaging,SWI)技术可以利用组织磁敏感性改变来反映组织成分和结构的变化等。

第四节　磁共振信号的空间定位

一、梯度磁场与空间定位

对于二维成像来说,每采集一个磁共振信号,其代表的是全层的组织信息;而对于三维成像来说,每采集一个磁共振信号,其包含的是整个采集容积的组织信息。那么我们怎么区分来自于层面或容积内各个不同位置上的磁共振信号呢?也就是说我们怎么来进行磁共振信号的空间定位呢?磁共振信号的三维空间定位是利用三套梯度线圈产生的梯度磁场来实现的。利用梯度线圈产生的梯度磁场让来自不同位置上的磁共振信号带有不同的空间定位信息,通过数学转换解码,就可以将 MR 信号分配到各个像素中。MR 信号的空间定位包括层面和层厚的选择、频率编码、相位编码。

二、层面的选择和层厚的决定

对于二维 MRI,首先需要进行的是层面及其层厚的选择。通过前面磁共振现象一节的学习我们已经知道,要使组织中的氢质子发生磁共振现象,需要给组织发射一个频率与氢质子进动频率一致的射频脉冲进行激发。理论上在绝对均匀的磁场中,组织内水分子中的氢质子的进动频率都是一样的,而理想的射频脉冲是单一频率且其频率与氢质子进动频率完全一致。但实际上,主磁场总存在一定程度的不均匀,而且要发射完全单一频率射频脉冲也是不可能的,也就是说射频脉冲中包含有一定范围的频率,而射频脉冲的中心频率及频率范围我们是可以控制的。我们正是通过控制层面选择梯度场和射频脉冲来完成二维 MR 图像层面和层厚的选择。这里以 1.5 T MRI 仪的头颅横断面为例介绍二维 MRI 的层面及层厚的选择。

在 1.5 T 的场强下,质子的进动频率约为 64 MHz。我们要进行横断面的层面选择,必须在上下方向(即 Z 轴方向)上施加一个梯度场。假设我们施加的这个梯度场为足侧高头侧低,则在 Z 轴梯度线圈中点位置的磁场强度仍为 1.5 T,因而该处氢质子的进动频率保持在 64 MHz;从梯度场中点向头侧磁场强度逐渐降低,因而质子进动频率逐渐变慢,头顶部组织内质子的进动频率最低,从梯度场中点向足侧磁场强度逐渐增高,则质子进动频率逐渐加快,下颌部最高。Z 轴方向上单位长度内氢质子进动频率差别的大小与施加的梯度场强度有关,施加梯度场强越大,单位长度内氢质子进动频率的差别越大。假设我们施加的梯度场造成质子进动频率的差别为 1 MHz/ cm,而我们所用的射频脉冲的频率为 63.5 MHz～64.5 MHz,那么被激发的层面的位置(层中心)就在 Z 轴梯度线圈中点(G_0),层厚为 1 cm,即层厚范围包括了 Z 轴梯度线圈中点上下各 0.5 cm 的范围[图 3-26(a)]。

我们对射频脉冲的频率及带宽和 Z 轴梯度场作不同的调整,层面和层厚将发生如下变化:①梯度场不变,射频脉冲的频率改成 64.5 MHz～65.5 MHz,则层厚保持不变,层面中心向足侧移动 1 cm[图 3-26(b)];②梯度场不变,射频脉冲的频率范围(带宽)变成 63.75 MHz～64.25 MHz,则层面中心不变,层厚变薄为 0.5 cm[图 3-26(c)];③射频脉冲仍保持 63.5 MHz～64.5 MHz,梯度场强增加使质子进动频率差达到 2 MHz/cm,则层面中心保持不变,层厚变薄为 0.5 cm[图 3-26(d)]。

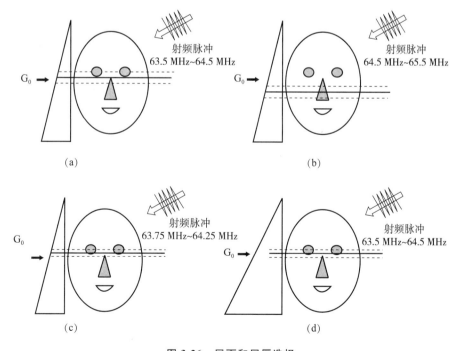

(a)   (b)

(c)   (d)

图 3-26 层面和层厚选择

图中横实线表示层中心位置;两条虚横线之间距离表示层厚。(a)梯度场强造成的质子进动频率差别

1 MHz/cm，射频脉冲的频率范围为 63.5 MHz～64.5 MHz，则层中心在梯度场中点（G_0），层厚 1 cm；（b）梯度场保持不变，射频脉冲的频率范围为 64.5 MHz～65.5 MHz，则层厚保持 1 cm，层中心向足侧移 1 cm；（c）梯度场保持不变，射频脉冲的频率范围改为 63.75 MHz～64.25 MHz，则层中心位置不变，层厚变成 0.5 cm；（d）射频脉冲的频率范围保持不变，梯度场强增加 1 倍，即造成的质子进动频率差别为 2 MHz/cm，则层中心保持不变，层厚变成 0.5 cm

　　在检查部位与层面选择梯度线圈的相对位置保持不变的情况下，层面和层厚受梯度场强度和射频脉冲影响的规律如下：①梯度场不变，射频脉冲的频率增加，则层面的位置向梯度场高的一侧移动；②梯度场不变，射频脉冲的带宽加宽，层厚增厚；③射频脉冲的带宽不变，梯度场的场强增加，层厚变薄。

　　刚才我们所举的例子是标准横断面的层面和层厚选择。MRI 还可以利用前后方向的梯度场进行标准冠状面成像，利用左右方向的梯度场进行标准矢状面成像；实际上利用 X，Y，Z 三组梯度场的有机组合进行层面和层厚选择，MRI 可以在任意断面上进行扫描。

三、频率编码

　　前面的层面选择仅仅确定了被激发采集二维层面的中心位置及其厚度，可这时采集的 MR 信号包含有全层的信息，我们必须把采集的 MR 信号分配到层面内不同的空间位置上（即各个像素中），才能显示层面内的不同结构。因此在完成了层面选择后我们还必须进行层面内的空间定位编码。层面内的空间定位编码包括频率编码和相位编码。我们先介绍频率编码。

　　频率编码是利用某一方向的梯度磁场沿该方向对组织体素的进动频率不同，以频率差标定各像素体积元的空间位置。傅立叶变换可以区分出不同频率的 MR 信号，但首先必须让来自层面中不同位置的 MR 信号包含有不同的频率，采集到混杂有不同频率的 MR 信号，通过傅立叶变换才能解码出不同频率的 MR 信号，而不同的频率代表不同的位置。

　　以头颅的横断面为例，一般以前后方向为频率编码方向，我们在 MR 信号集的时刻在前后方向上施加一个前高后低梯度场［图 3-27(a)］，这样在前后方向上氢质子所感受到的磁场强度就不同，其进动频率即存在差别，前部的质子进动频率高，而后部的质子进动频率低［图 3-27(b)］。这样采集的 MR 信号中就包含有不同频率的空间信息，经傅立叶转换后不同频率的 MR 信号被区分出来，分配到前后方向各自的位置。需要指出的是频率编码梯度场必须在磁共振信号采集过程中同时施加，这样所采集到的磁共振信号中才会有频率编码信息。

四、相位编码

　　在二维成像平面中，如果对一个方向如前面所介绍的头颅横断面成像在前后方向上施加了频率编码梯度场后，经傅立叶转换的 MR 信号仅完成了前后方向的空间信息编码，而左右方向上的空间定位编码并未能实现。我们必须对左右方向也进行空间定位编码，才能真正完成层面内的二维定位。

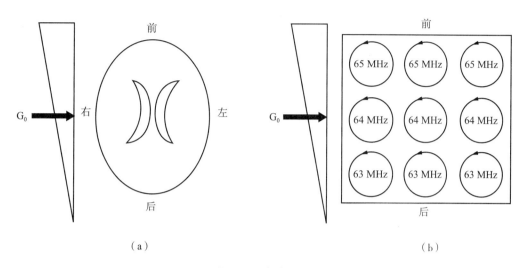

图 3-27 频率编码

（a）颅脑横断面，施加了一个前高后低的梯度场，G_0 代表梯度场中点；（b）仅以三行三列 9 个像素作为示意，中间一行由于位于梯度场中点（G_0），质子进动频率保持 64 MHz，最前面一行由于磁场强度升高，质子进动频率加快到 65 MHz，最后面一行由于磁场强度降低，质子进动频率减慢为 63 MHz。这样在采集到的 MR 信号中就混杂有不同频率的信号，而不同频率代表前后方向上的不同位置。MR 信号采集后经傅立叶转换即可解码出不同频率的 MR 信号，分配到前后不同位置的像素上。需要指出的是图中为了说明的简便起见，用 63 MHz，64 MHz，65 MHz 来代表频率编码方向上 3 个不同体素内质子的进动频率，实际上真正的频率编码时，像素间的质子进动频率差别不可能有这么大

对于横断面成像，如果在前后方向施加了频率编码，那么我们是否可以左右方向也施加频率编码呢？回答是否定的。因为如果在前后方向和左右方向都进行频率编码，那么在傅立叶变换时，就不可能区分出是左右方向的频率差别还是前后方向的频率差别。因此如果在一个方向进行了频率编码，则必须在其垂直方向进行相位编码。

和频率编码一样，相位编码也使用梯度场，但与频率编码梯度场不同的是：①梯度场施加方向不同，应该施加在频率编码的垂直方向上。以横断面为例，如果频率编码梯度场施加在前后方向，则相位编码梯度场施加在左右方向上。在临床 MRI 时，根据需要相位编码方向和频率编码方向是可以相互切换的。②施加的时刻不同，频率编码必须在 MR 信号采集过程中同时施加，而相位编码梯度场必须在信号采集前施加，而在磁共振信号采集过程中，相位编码梯度场必须关闭。③一幅图像的每个 MR 信号的频率编码梯度场方向和大小都是一样的，而各个 MR 信号的相位编码梯度场强度和（或）方向是不同的。

还以头颅横断面为例，我们在左右方向施加一个左高右低的相位编码梯度场，这样在层面内左右方向不同位置上的磁场强度将存在差别，梯度场中点位置上磁场强度保持不变，该处的氢质子进动频率保持不变；越靠左侧磁场强度越高，相应位置的氢质子进动频率越高；越靠右侧磁场强度越低，相应位置的氢质子进动频率越低。由于进动频率的不同，过一段时间后，左右方向不同位置上的氢质子进动的相位将出现一定的差别。这时关闭左右方向的相位编码梯度场，左右方向不同位置上的磁场强度差别消失，各个位置上氢质子的进动频率

也恢复一致,但前面曾施加过一段时间梯度场造成的氢质子进动相位差别被保留下来。这时采集到的 MR 信号就带有不同的相位信息,通过傅立叶变换可区分出不同相位的 MR 信号,而不同的相位则代表左右方向上的不同位置,也就完成了左右方向上磁共振信号的空间定位(图 3-28)。

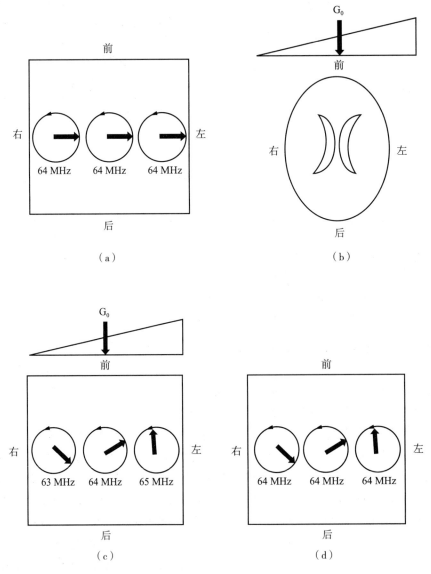

图 3-28　相位编码

仍以颅脑横断面为例,为了简便起见,仅以图 3-27 中的进动频率为 64 MHz 的一行像素作为相位编码的示意。(a)所示为,在施加相位编码梯度前,左右方向上各体素中氢质子的进动频率均为 64 MHz,相位也一致(黑箭头所示);(b)所示为,在左右方向上施加一个左高右低的相位编码梯度场,位于相位编码梯度场中点(G_0)的体素内的质子进动频率仍为 64 MHz,而最左边体素内的质子进动频率增加到 65 MHz,最右边体素内的质子进动频率减低到 63 MHz;(c)所示为,相位编码梯度场施加一段时间后,左右方向上各体素内的质子由于进动频率不同出现相位差异(黑箭头所示);(d)所示为,在 MR 信号采集前,把相位编码梯度场关闭,左右方向上体素内的质子进动频率又回到 64 MHz,即左右方向的进动频率差别消失,但由于相位编码梯度场造成的左右方向上各体素内质子的相位差别(黑箭头所示)被保留下来。MR 信号被采集后经傅立叶变换,就可以解码出不同相位的 MR 信号,而不同的相位代表左右方向上的不同位置

　　由于傅立叶变换本身的特性,它区分不同频率 MR 信号的能力很强,但区分 MR 信号相位差别的能力较差,只能区分相位相差 180°的 MR 信号。所以 MR 信号的相位编码需要多次重复进行,如果是矩阵为 256×256 的 MR 图像需进行 256 次相位编码。一般在采集第 1 个 MR 信号前,先施加一个较强大的梯度场,使第 1 个像素与第 2 个像素相位相差180°;采集第 2 个 MR 信号前,把相位编码梯度场略降低一些,使第 1 个像素与第 3 个像素相位相差 180°,依此类推直到使第 1 个像素与第 256 个像素相位相差 180°,也就是说需要用不同的相位编码梯度场制造出 256 个 180°的相位差别方能完成相位编码。256×256的图像需要采集 256 个 MR 信号,每一个信号利用不同的梯度场进行相位编码,不同的相位编码梯度场得到的 MR 信号也称相位编码线,填充在 K 空间相位编码方向上的不同位置上,经过傅立叶转换,才能重建出一幅 256×256 的图像(图 3-29)。K 空间的基本概念将在下一节介绍。

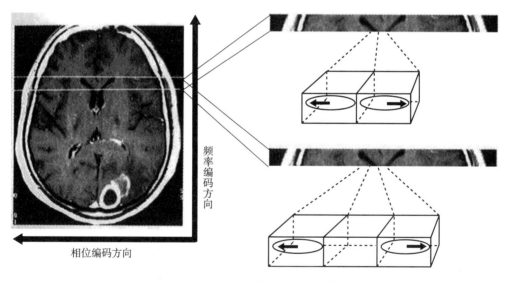

图 3-29　相位编码梯度场的应用原理

　　以头颅横断面为例,一般以左右方向为相位编码方向(图 3-29 左半部所示)。先施加一个强度较大的相位编码梯度场,使相邻的两个像素的相位相差 180°(图 3-29 右上部所示),采集第 1 个 MR 信号;然后把相位编码梯度场的强度稍降低,使第一像素与第三像素的相位相差 180°(图 3-29 右下部所示),采集第 2 个 MR 信号。依此类推,如果是矩阵为 256×256 的图像,需要用 256 个不同的相位编码梯度场,制造出 256 个 180°的相位差别,方能完成图像的相位编码

　　以前面简述的左右方向为相位编码方向的颅脑横断面为例,在实际成像过程中,一般情况下是先施加强度最大的梯度场,方向为一侧高另一侧低(如右高左低),保持梯度场方向不变,梯度场强度逐渐变小一直到零,然后改变梯度场方向(即改成右低左高),梯度场强度则从小开始,逐渐变大,其梯度场强度变化的步级与刚才左高右低时一样(图 3-30)。

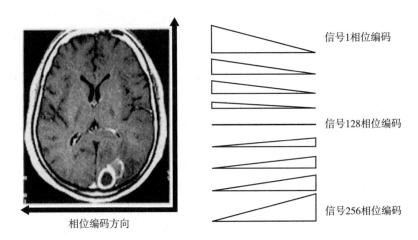

图 3-30　相位编码梯度场的实际施加

　　仍以头颅横断面为例,左右方向为相位编码方向。一般先施加一个强度最大的相位编码梯度场,一侧高一侧低,图中为右高左低,采集第 1 个信号;保持梯度场方向不变,梯度场强度逐渐降低,逐个采集 MR 信号,直至梯度场为零时采集第 128 个信号;然后梯度场方向改变成右低左高,梯度场强度逐渐增高,逐个采集信号,直至采集第 256 个信号时相位编码梯度场强度在反方向达到最大

　　相位编码的方向可以任意选择,其方向选择要考虑运动产生的伪影与图像重叠失真,对横断面而言,如果选择左右方向为相位编码方向,则前后方向为频率编码方向。

五、三维采集的空间编码

　　三维 MRI 的空间定位与二维 MRI 有所不同。三维 MRI 的激发和采集不是针对层面,而是针对整个成像容积进行的。由于脉冲的激发和采集是针对整个容积范围进行的,为了获得薄层的图像,必须在层面方向上进行空间定位编码。

　　三维采集技术的层面方向空间编码也采用相位编码,一个容积需要分为几层,就必须进行几个步级的相位编码。层面方向相位编码的原理与层面内的相位编码相同。图像的矩阵为 128×128,容积内分为 20 层,则层面内的相位编码步级为 128 级,每一级又需要进行 20 个步级的层面方向的相位编码,实际上总的相位编码步级为 2560(128×20)。

第五节　K 空间的基本知识

　　K 空间实际上是个数学概念,涉及较为复杂的数学运算,似乎大多数放射科医师和技师都觉得 K 空间的知识很抽象,不好理解。然而 K 空间对于理解 MRI 原理,掌握 MRI 技术特别是快速成像技术至关重要。在本节中,将抛开复杂的数学运算公式,以尽量简洁易懂的文字来表述 K 空间的基本概念和重要特征。

一、基本概念

　　MRI 与傅立叶变换密切相关,把采集到的 MR 信号(称为原始数据)经过傅立叶反变换得到 MR 图像。由傅立叶变换原理可知,每个傅立叶变换对之间的坐标系都是对偶的,所谓

K空间即为三维空间坐标系统的傅立叶对偶空间,即为傅立叶变换的频率空间。在空间坐标系中用磁化强度矢量表示成像体,而在K空间中用采集到的MR信号表示物体,这两者代表同一采样体,它们之间是通过傅立叶变换相联系的,MR信号是磁化强度矢量的傅立叶变换。由于K空间产生于傅立叶变换,因此K空间又称为傅立叶空间,或称为原始数据空间(raw data space),用K这一字母完全出于数学上的习惯。

K空间是带有空间定位编码信息的MR信号原始数字数据的填充空间,每一幅MR图像都有其相应的K空间数据点阵。对K空间的数据进行傅立叶转换,就能对原始数字数据中的空间定位编码信息进行解码,分解出不同频率、相位和幅度的MR信号,不同的频率和相位代表不同的空间位置,而幅度则代表MR信号强度。把不同频率、相位及信号强度的MR数字信息分配到相应的像素中,我们就得到了MR图像数据,即重建出MR图像了(图3-31)。可以看出傅立叶变换就是把K空间的原始数据点阵转变成磁共振图像点阵的过程(图3-32)。

流程图3-31演示了MRI的基本过程,K空间的填充是其间非常重要的一步。

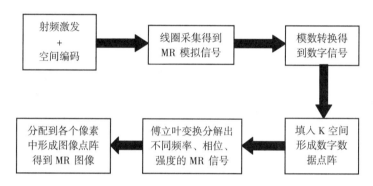

图 3-31　K 空间在 MRI 基本过程的作用

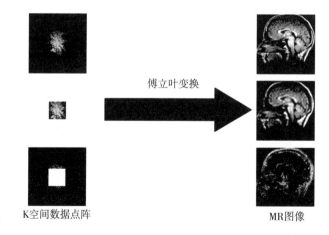

图 3-32　K 空间与磁共振图像

填充在K空间中的数字数据点阵经过傅立叶变换,分解出不同频率、相位和强度的MR信号,分配到各自的像素中,即可重建出磁共振图像,K空间中看到的点并不对应图像中的像素,至少不是直接对应,原始数据中的每一部分都包含整幅图像的信息,中心原始数据决定其图像对比度,边缘原始数据提供与边缘、边缘过度和图像轮廓有关的信息,即图像空间分辨率,几乎不包括关于组织对比度的信息。

二、基本特点

K 空间特性:①K 空间中的点阵与图像的点阵不是一一对应的,K 空间中每一点包含有扫描层面的全层信息。②K 空间在 Kx 和 Ky 方向上都呈现镜像对称的特性。③填充 K 空间中央区域的 MR 信号主要决定图像的对比,填充 K 空间周边区域的 MR 信号主要决定图像的解剖细节。

下面就以矩阵为 256×256 的二维 MR 图像为例来介绍一下 K 空间的基本特性,二维 K 空间又称为 K 平面。二维 K 空间的两个方向 Kx 和 Ky 分别代表 MR 信号的频率编码和相位编码方向。在二维图像的 MR 信号采集过程中,每个 MR 信号的频率编码梯度场的大小和方向保持不变,而相位编码梯度场的方向和场强则以一定的步级发生变化,每个 MR 信号的相位编码变化一次,采集到的 MR 信号填充 K 空间 Ky 方向的一条线,因此把带有空间信息的 MR 信号称为相位编码线,也称 K 空间线或傅立叶线(图 3-33)。

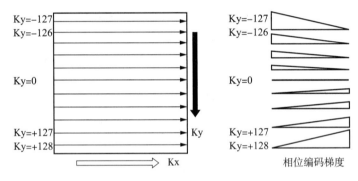

图 3-33 K 空间结构及相位编码梯度场变化

图左侧为 K 空间填充示意图,右侧为相应的相位编码梯度场变化(为简便起见,图中仅画出 K 空间的部分相位编码线及相位编码梯度场变化的一部分)。一般的 K 空间是循序对称填充的。填充 Ky=−127 的 MR 信号的相位编码梯度场为一侧高另一侧低,梯度场强最大。填充 Ky=−126 的 MR 信号的相位编码梯度场的高低方向没有改变,但梯度场强有所降低。保持梯度场高低方向不变,梯度场强逐渐降低。到填充 Ky=0 的 MR 信号时,相位编码梯度场等于零。此后相位编码梯度场高低方向切换到相反方向,梯度场强逐渐升高,到采集填充 Ky=+128 的 MR 信号时,相位编码梯度场强达到最高

从 Ky 方向(相位编码方向)看,填充在 K 空间中心的 MR 信号的相位编码梯度场为零,这时相位编码造成的质子群失相位程度最低,因此 MR 信号强度最大,其 MR 信号将主要决定图像的对比,而不能提供相位编码方向上的空间信息,我们把这一条 K 空间线称为零傅立叶线(Ky=0)。而填充 K 空间最周边的 MR 信号的相位编码梯度场强度最大(Ky=−127 和 Ky=+128),得到的 MR 信号中各体素的相位差别最大,所提供相位编码方向解剖细节的空间信息最为丰富,由于施加的梯度场强度大,造成质子群失相位程度最高,其 MR 信号的幅度很小,因而其 MR 信号主要反映图像的解剖细节,对图像的对比贡献很小。从 K 空间中心(Ky=0)到 K 空间的最周边(Ky=−127 或 Ky=+128),其间各条 K 空间线的相位编码梯度场是逐渐递增的,越靠近 Ky=0 的 MR 信号幅度越大,越决定图像的对比,但能提

供的空间信息越少;越靠近 K 空间周边的 MR 信号所含的空间信息越多,越决定图像的解剖细节,但 MR 信号的幅度越小,能提供的对比信息越少(图 3-34)。简单地说,就是填充 K空间中央区域的相位编码线主要决定图像的对比,而填充 K 空间周边区域的相位编码线主要决定图像的解剖细节。另外从 $K_y = 0$ 向 $K_y = -127$ 和 $K_y = +128$ 的这两个方向上,各个MR 信号的相位编码梯度场递增的步级是一样的,仅梯度场的方向相反,因此这两个方向上的 MR 信号或称相位编码线是镜像对称的,即 $K_y = -127$ 与 $K_y = +128$ 对称,$K_y = -126$与 $K_y = +127$ 对称,依此类推(图 3-35)。

图 3-34 中 K_x 代表频率编码方向,K_y 代表相位编码方向。图像右侧的波形代表各条 K空间线相应的磁共振信号。由于填充 K 空间不同区域的回波信号所采用的相位编码梯度场强度不同,因此其信号强度存在差别。越靠近 K 空间中心的相位编码线(MR 信号),所施加的相位编码梯度场越弱,其信号强度越高,因此对图像的对比影响越大,但缺乏空间信息;越靠近 K 空间周边的 MR 信号,所使用的相位编码梯度场强度越强,所提供相位编码方向的空间信息越丰富,但 MR 信号的幅度越小,对图像的对比贡献越小。

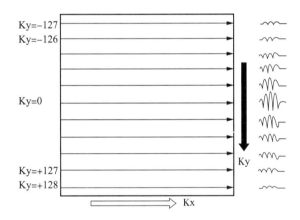

图 3-34 K 空间相位编码方向不同位置的 MR 信号强度不同

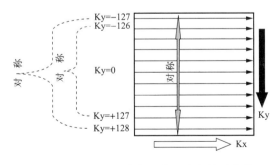

图 3-35 K 空间在相位编码方向的对称性

在 K 空间的相位编码方向(K_y 方向)上,从 K空间中心($K_y = 0$)向 K 空间两边($K_y = -127$ 和 $K_y = +128$),各个 MR 信号所施加的相位编码梯度场强度递增的步级是一样的,仅梯度场的方向相反,因此这两边的各个 MR 信号或称相位编码线是镜像对称的,即 $K_y = -127$ 与 $K_y = +128$ 对称,$K_y = -126$ 与 $K_y = +127$ 对称,依此类推

从 K_x 方向看,即在每一条相位编码线的频率编码方向上,其数据是由从回波信号的采样得到的。所有的回波信号随时间顺序呈现以下变化规律:波形的幅度(代表信号的虽弱)从零逐渐增高直到波峰处(信号强度达到最大),而后波形的幅度从最高逐渐降低直到零。如果把 MR 回波信号从波峰处劈开两半,你可以注意到这两半实际上基本是镜像对称的,也就是说回波信号在时序上是镜像对称的,因此 K 空间在频率编码方向上也是镜像对称的

（图 3-36）。再来观察一个回波，我们可以注意到每个回波信号的中心部分波形幅度最高，即这部分信号最强，对图像的对比影响最大。而每个回波的这部分信号将填充在 K 空间频率编码方向的中心区域。因此在 K 空间的频率编码方向上，相对周边区域，中心区域的信息也对图像的对比影响更大（图 3-36）。

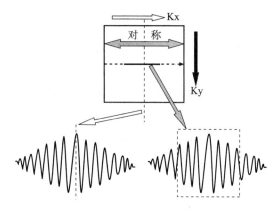

图 3-36　K 空间频率编码方向的剖析

图上方为 K 空间，Kx 代表频率编码方向，Ky 代表相位编码方向。为简便起见，仅对 K 空间中心的一条相位编码线进行剖析。相位编码线实际上多来自 MR 回波信号，图左下方和右下方均为一个回波信号的示意图，其幅度均代表磁共振信号的强弱，从左到右均为时间顺序。可见回波信号随时间呈现以下变化：信号强度从零开始逐渐增大一直到峰值，随后从峰值逐渐缩小一直到零。图左下方示从回波信号的中点即波形最高处把回波信号分成两半，可以注意到这两半信号是镜像对称的。也就是 K 空间在频率编码方向上实际上也是镜像对称的（以图上方 K 空间的纵行短划虚线为轴）。图右下方示回波信号的中心区域波幅较大，其信号强度较高，相对回波信号的两端（填充于 K 空间频率编码方向周边区域，相当于图上方 K 空间中心那条相位编码线两头的虚线部分），回波信号的波峰区域（填充于 K 空间频率编码方向的中心区域，相当于图上方 K 空间中心那条相位编码线中间的实线部分）对图像的对比影响更大

另外，需要指出的是，许多人会把 K 空间的数据阵列与图像的阵列相混淆。其实这两者之间不是一一对应的，K 空间数据阵列中每一个点上的信息均含有全层 MR 信息，而图像阵列中的每个点（即像素）的信息仅含有层面内相应体素的信息。

总结一下，K 空间的特性主要表现为：

①K 空间中的点阵与图像的点阵不是一一对应的，K 空间中每一点包含有扫描层面的全层信息；②K 空间在 Kx 和 Ky 方向上都呈现镜像对称的特性；③填充 K 空间中央区域的 MR 信号主要决定图像的对比（图 3-37），填充 K 空间周边区域的 MR 信号主要决定图像的解剖细节（图 3-38）。

三、K 空间数据采集与图像的空间分辨力

K 空间数据的采集和填充与磁共振图像的空间分辨力直接相关，也将直接决定图像的采集时间。磁共振图像在相位编码方向上像素的多少直接决定于相位编码的步级数，也即不同相位编码的磁共振回波信号的数目。在视野（field of view，FOV）相同的前提下，相位编码方向的像素越多，图像在相位编码方向的像素径线就越小，空间分辨力越高；但所需要进行相位编码的步级数越多，也即需要采集的磁共振信号数目越多，一幅图像所需的采集时间就越长。

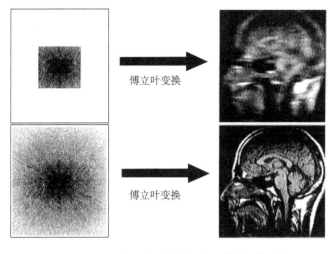

头颅矢状面 T1 加权磁共振图像。上组图像是仅利用 K 空间中心区域的信息重建图像，图像具有很好的对比，但很模糊，缺乏解剖细节；下组图像把 K 空间周边的信息也补充进去，利用全 K 空间的信息重建的图像既具有很好的对比，也很好地显示了解剖细节

图 3-37　K 空间中心的信息主要决定图像对比

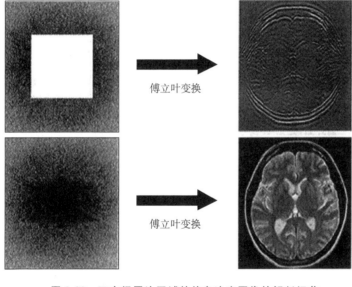

头颅横断面 T2 加权磁共振图像。上组图像是仅利用 K 空间周边区域的信息重建图像，图像只有比较清楚的解剖轮廓，但由于缺乏组织对比，图像依然不清晰；下组图像把 K 空间中心区域的信息补充进去，利用全 K 空间的信息重建的图像具有很好的对比，图像清晰

图 3-38　K 空间周边区域的信息决定图像的解剖细节

　　磁共振图像频率编码方向上的像素数目决定于在磁共振回波信号采集过程中采样点的多少，采样点越多，则图像在频率编码方向上的像素数目越多，像素径线越小，空间分辨力越高（图 3-39）；但由于采样点增多，在其他采样条件相同的情况下，采集一个完整的回波信号所需要的时间越长。

（a）　　　　　　　　　　（b）

图 3-39　磁共振信号采样点与频率编码方向的空间分辨力

　　如果在频率编码梯度场施加过程中，每个磁共振回波信号的采样点越多，在 K 空间频率编码方向点阵的点数越多，图像频率编码方向的像素数目越多，像素就越小，空间分辨力越高。图（a）中每个回波有 24 个

采样点；图(b)中每个回波有48个采样点。采样点越多，采集每个回波信号所需要的时间越长。如果是矩阵为256(频率编码)×240(相位编码)的磁共振图像，则每个回波信号的采样点为256个

四、K空间填充轨迹和填充顺序

常规MRI序列中，K空间最常采用的填充方式为循序对称填充，即从K空间相位编码方向的一侧开始，逐渐向K空间中心填充，然后再从K空间中心，逐渐向K空间相位编码方向的另一侧填充(图3-40)。熟知这一填充方式非常重要，如利用梯度回波T1WI序列进行肝脏动态增强扫描(NEX=1)，如果整个序列采集时间为20 s，则决定图像对比的MR信号的采集应该在扫描开始后第10秒，因而要想获得开始团注对比剂后第25秒的肝脏动脉期，扫描的开始时刻需要提前10 s，即开始团注对比剂后的第15秒就应该启动扫描序列。

实际上，K空间中相位编码线的填充顺序是可以改变的，我们可以采用K空间中央优先采集技术，即扫描一开始先编码和采集填充Ky=0附近的一部分相位编码线，决定图像的对比，然后再采集决定图像解剖细节的K空间周边的相位编码线[图3-40(f)]。这一技术在利用透视实时触发技术进行的三维动态增强扫描和对比增强磁共振血管成像(CE-MRA)时有较多的应用。

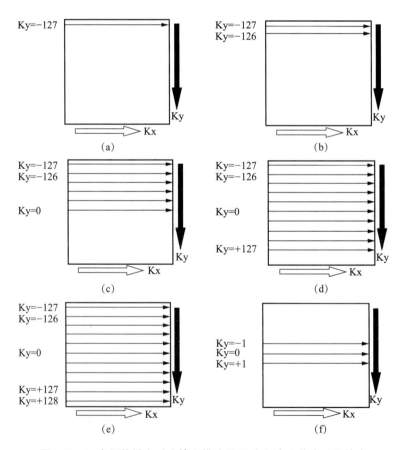

图3-40 K空间的循序对称填充模式及K空间中心优先采集技术

在临床常规MRI技术中，最常采用的K空间填充模式为循序对称的填充模式，即从K空间相位编码方向的一侧开始，逐渐向空间中心填充，然后再从空间中心，逐渐向空间相位编码方向的另一侧填充，在

图 3-40 中,则先填充 Ky=-127[图(a)],然后是 Ky=-126[图(b)],……,Ky=0[图(c)],……,Ky=+127[图(d)],最后为 Ky=+128[图(e)]。实际上在有些三维对比增强扫描序列中,常可以采用 K 空间优先采集技术,即扫描一开始先采集填充 K 空间中心区域的相位编码线[图(f)],决定图像的对比,然后再采集决定图像解剖细节的 K 空间周边的相位编码线

除了沿相位编码方向逐条对称填充的轨迹外,K 空间还可以采用其他填充轨迹(图 3-41),如用于平面回波成像(EPI)序列的迂回轨迹、用于螺旋成像(spiral imaging)的螺旋状轨迹以及用于螺旋桨成像技术的放射状填充轨迹等。平面回波成像在临床上已经有很多的应用,我们将在 MRI 序列相应的章节中予以详细介绍。

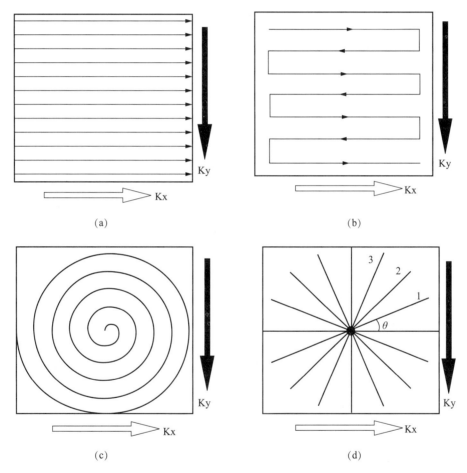

图 3-41　K 空间的不同填充轨迹

(a)最常用的沿相位编码方向的逐条对称填充轨迹;(b)用于平面回波成像(EPI)的迂回填充轨迹;(c)螺旋状填充轨迹;(d)放射状填充模式

螺旋桨成像技术一般多用于 FSE(TSE)或 IR-FSE(IR-TSE)序列,某公司把该技术称为螺旋桨(Propeller)技术,主要用于回波链较长的 FSE T2WI 序列及 IR-FSE FLAIR 序列;还有公司把该技术称为 BLADE(刀锋)技术,可用于 TSE T2WI及R-TSE FLAIR 及 IR-TSE T1WI 序列。螺旋桨成像技术由于其 K 空间采用了放射状的填充轨迹,K 空间中心区域有了很多的信息重复,因此可以大大减少运动伪影(图 3-42)。

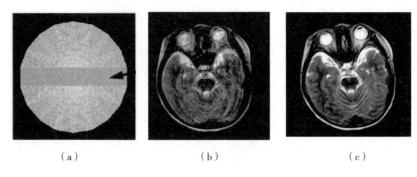

（a）　　　　　　　　　　　（b）　　　　　　　　　　（c）

图 3-42　Propeller FSE T2WI 减少图像的运动伪影

（a）Propeller FSE T2WI 的 K 空间填充轨迹，在一次 90°脉冲后的自旋回波链填充 K 空间的一部分，在下一次 90°脉冲的自旋回波链旋转一定角度进行填充，以此类推直至整个 K 空间达到填充要求，由于 K 空间的数据是放射状填充的，K 空间中心的数据有了大量的重复，可大大减少图像的运动伪影；（b）和（c）为同一病例，扫描过程中采用同样的幅度和速度进行转头运动。（b）常规 FSE T2WI，图像有明显的运动伪影；（c）Propeller FSE T2WI，图像几乎没有运动伪影

第六节　磁共振成像常用脉冲序列

一、脉冲序列的基本概念和分类

我们把用于激发和获取 MR 信号进而形成图像，按一定时间顺序排列的射频脉冲及梯度脉冲串组成的序列，称为磁共振脉冲序列。MRI 的脉冲序列有很多种，常用的有自旋回波序列、反转恢复序列、梯度回波序列及各种快速扫描序列等。

1.自旋回波脉冲序列

自旋回波（spin echo，SE）序列是 1950 年由哈恩在 NMR 波谱分析中首创的，是目前临床 MRI 中最基本、最常用的扫描技术，同时也是理解 MR 成像对比度最常用的方法。

SE 序列是用 90°射频脉冲激励平衡状态的磁化强度矢量，使 M_z 翻转到 XY 平面，经过一段时间 τ 后，用 180°反转脉冲使 M_{XY} 倒相 180°，再经过时间 τ 测量回波信号强度。把 90°脉冲到采集回波信号之间的时间称作回波时间（echo time，TE），TE 为 90°RF 脉冲与 180°RF 脉冲时间间隔 τ 的 2 倍，两个 90°脉冲之间经历的时间为重复时间 TR（图 3-43）。

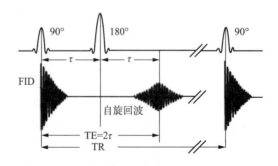

图 3-43　SE 序列结构图

在 90°射频脉冲后 τ 时间施加一个 180°脉冲，就会在 TE＝2τ 时间后生成自旋回波。90°-180°脉冲必须

不断重复,以完成采集扫描矩阵中的所有相位编码步骤(例如 256 次)

　　SE 序列开始前,成像体内的所有质子沿主磁场方向进动,其磁化矢量沿主磁场方向,90°RF 脉冲激励该平衡状态的磁化矢量使之转向 XY 平面,即 $M_z = 0$,$M = M_{XY}$,在 RF 脉冲作用的同时,为了只激励某一层面内的质子,在选层方向上同时施加一个梯度脉冲,此时只有垂直于梯度场的平面才能被激励。90°RF 脉冲后采集到的是 FID 信号,主要为 T_2^* 弛豫,由于该信号衰减十分快且不包含空间编码信息,对 SE 序列的 MR 成像没有意义,所以此时不采集信号。SE 序列下一阶段是对已被 90°RF 脉冲激励的层面进行相位编码,此时施加相位编码梯度一定时间,而后关闭该梯度,相位编码梯度使平面内进动的质子沿该梯度轴方向进行空间定位,经傅立叶变换,不同的相位在图像中的空间位置不同。

　　SE 序列的下一步是产生回波信号,它是由 180°RF 脉冲完成的。由于被检组织内局部磁场的不均匀性,质子群经受着或强或弱的小磁场,其中某些质子进动频率较快,某些则进动频率较慢,由于进动频率的微小差异,质子群的进动相位很快失去同步,分散在 XY 平面上,使 M_{XY} 迅速减少,此时无法测得 MR 信号。90°RF 脉冲后 TE/2 时,在 XY 平面上某些进动较快的质子超前于进动慢的质子,加 180°RF 脉冲,使 XY 平面上进动的质子呈 Z 轴对称翻转,此时原来进动较慢的质子超前于进动较快的质子,再经过 TE/2 后,进动快的质子赶上了进动慢的质子,质子群在 XY 平面上重新聚相。

　　SE 序列中 180°RF 脉冲的作用一方面消除磁场非均匀性对信号的影响,另一方面促使自旋回波信号的产生。它使所有自旋进动相位在瞬间发生 180°改变,该相位翻转校正了磁场非均匀性对自旋进动相位的影响并产生自旋回波信号,在 180°RF 脉冲作用前后相等的时间 τ 内,磁场非均匀性引起的自旋进动相位变化大小相等且方向相反,因此 $0 \sim \tau$ 期间积累的相位离散程度被 180°RF 脉冲作用后在 $\tau \sim 2\tau$ 期间相位逆转完全抵消。但由于组织 T2 弛豫的原因是晶格场的非均匀性,而晶格场不均匀性的空间分布是无规律随机变化的,因此在 180°RF 脉冲作用前后相等的时间 τ 内,它所引起的自旋进动相位的积累和并不相等,使与 T2 弛豫有关的相位离散不能因 180°相位反转脉冲的作用而消除,T2 弛豫将导致不可逆转的横磁化矢量衰减,使 TE 时刻横向磁化矢量不可能恢复到原来的最大值。

　　SE 序列的最后一步是回波信号的读出,此时线圈处于接收状态,且数据采集系统开始工作,频率编码梯度打开,进行平面内第二个方向的编码,在序列重复过程中,该梯度的幅度始终保持不变,使 MR 信号在频率编码方向得以鉴别,由于它是在数据采集阶段起作用,因此它直接影响图像信噪比。

　　SE 序列是 MRI 的经典序列,在临床上得到广泛应用,具有以下优点:①序列结构比较简单,信号变化容易理解;②图像具有良好的信噪比;③图像的组织对比良好;④对磁场的不均匀敏感性低,因而磁化率伪影很轻微;⑤利用 SE 序列进行 T1WI,采集时间一般仅需 2 min～5 min。SE 序列也存在一些缺点:①90°RF 脉冲能量较大,纵向弛豫需要的时间很长,需采集较长的 TR,且一次激发仅采集一个回波,因而序列采集时间长;②由于采集时间长,体部检查时容易产生伪影;③由于采集时间长,难以进行动态增强扫描;④为减少伪影,激励采集次数常需要 2 次以上,进一步增加了采集时间。

2. 快速自旋回波序列及其衍生序列

　　快速自旋回波序列是一种具有真正 SE 对比特征的快速成像技术,是在快速采集弛豫增强(rapid acquisition relaxation enhanced,RARE)序列基础上改进而来的,是多回波技术的延伸,一般简称为 Turbo SE(TSE)或 Fast SE(FSE)序列。

快速自旋回波序列是一个 90°RF 脉冲激励之后多个连续 180°脉冲的应用(图 3-44),且在每个回波前加不同的相位编码梯度,此时每个回波信号对应于同一 K 空间中的不同傅立叶线。由于 90°脉冲后利用多个 180°脉冲,因而产生的不是单个回波,而是一个回波链,一次 90°脉冲后利用多少个 180°脉冲就会有多少个自旋回波产生,把一次 90°脉冲后所产生的自旋回波的数目定义为回波链长度,即 ETL(echo train length)或快速因子(turbo factor)。TSE 扫描时间仅为常规 SE 序列的 1/ETL 倍,尽管 TSE 序列因长 TR 时间和较大的成像矩阵使扫描时间延长,但通过 ETL 作用使整个成像时间大大缩短。典型的 ETL 为 2～16 之间,在快速 SE 序列中同样可采用多层面技术。

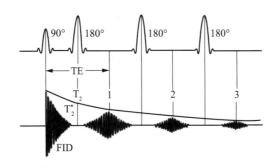

图 3-44　TSE 序列结构图

一次 90° RF 脉冲激发后利用 3 个 180°聚焦脉冲采集 3 个自旋回波,因此回波链长度为 3

TSE 成像中,把放置于中心 K 空间对图像对比度起决定作用的回波信号所对应的回波时间称为有效回波时间(effective echo time,EET)。很明显,增加回波链长度,则使扫描时间缩短,由于存在 T2 衰减作用,后面得到的回波信号比前面得到的回波信号信噪比低,则长 ETE 导致 SNR 降低。回波链间隔(eho train spacing,ETS)是 TSE 中两个连续回波之间的间隔时间,一般为毫秒级,回波链长度一样,ETS 对图像对比度及模糊度有影响。减小 ETS,增加多层面成像的层数,增加图像对比度,减少了图像的模糊度,因此希望 ETS 越短越好。

TSE 序列产生图像的对比特性与 SE 序列相似,应用多个 180°脉冲重聚相位形成回波,磁敏感性更低,有效地去除磁敏感伪影,获得稳定的图像;成像速度提高了 ETL 倍;由于使用了多个 180°RF 重聚脉冲,使人体的射频吸收量增大;在多层面成像中,由于回波链增加,在相同的 TR 内采集的层数相应减少;在 TSE 序列中,由于脂肪质子的自旋-自旋耦合效应,高频率射频脉冲延长了脂肪质子的弛豫时间,且产生磁化传递效应,使 TSE 序列中脂肪信号比 SE 序列中的高。

3. 反转恢复序列

反转恢复脉冲序列(inversion recoveiy,IR)是以 180°RF 脉冲作为激励脉冲,使选择层面内质子平衡磁化矢量翻转 180°,并在磁化矢量恢复期(弛豫过程中)加入 90°检测脉冲,其后检测 FID 信号的一种脉冲序列(图 3-45)。每组激励脉冲的重复时间为 TR,180°激励脉冲与 90°RF 脉冲之间的间隔时间称为反转时间 TI(inversion time)。

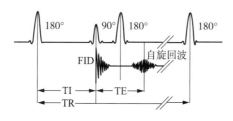

图 3-45 IR 序列结构图

反转恢复序列使用的脉冲为 180°-90°-180°,被 180°预脉冲翻转到相反方向,把 180°反转脉冲中点到 90°脉冲中点的时间间隔定义为反转时间(TI),TI 决定图像的 T1 对比和权重。把 90°脉冲中点到回波中点的时间间隔定义为回波时间 TE,IR T1WI 序列应该选择很短的 TE,以尽量剔除 T2 弛豫对图像的污染。两个 180°反转脉冲时间间隔定义为 TR,IR 序列中应该选择很长的 TR

IR 序列中,180°RF 激励脉冲使原来和静磁场方向完全一致的自旋质子的磁化矢量 M_0 反转到和主磁场完全相反的方向,在 180°脉冲停止后,自旋质子一方面把从 RF 脉冲中获得的能量通过晶格发散出去,另一方面,它的磁化矢量 M 逐渐沿 Z 轴增长,从 $Mz(t) = -M_0$,经过 $Mz(t) = 0(t \approx 0.69T1)$,最后达到平衡磁化矢量 $Mz(t) = M_0(t \approx 5T1)$。由于系统只能检测到横向磁化矢量 Mxy,而此时无横向磁化矢量,因此在 180°脉冲停后由 $Mz(t)$ 沿 Z 轴逐渐增长恢复时,再发射一个 90°RF 脉冲把 $Mz(t)$ 从 Z 轴上的恢复拉到 XY 平面上进行检测。显然 90°脉冲所诱导的 FID 信号强度与脉冲发射瞬间 M 在 Z 轴上恢复量的 Mz 大小有关。

IR 序列成像的目的是增加 T1 对比,减少 T2 成分,对显示 T1 值相差不大的内部微小组织的对比十分有利。在 IR 序列中,TR 与 TI 的选择对 MR 信号强度大小和图像对比度的影响很大,短 TR 使下一个 180°脉冲作用时 Mz 尚未恢复到 M_0,磁化矢量将随每个 TR 周期而逐渐衰减,信号强度减弱,图像对比度变差,中等 TR(在 1 500 ms 以内,为节省时间一般取 0.55 s～1 s),可以满意地显示绝大多数生物组织之间的 T1 差异,长 TR,长 TI,则得质子密度加权图像。

反转恢复序列的一种特殊情况是 STIR(short TI inversion recovery)序列,用该序列来抑制某种组织的信号,即通过用短 TI 时间,能使某种组织磁化矢量在 TI 时刻为零,该组织没有转移到 XY 平面的磁化矢量,因此无信号产生,图像上该组织呈黑色。

用 STIR 技术进行脂肪抑制,当脂肪的磁化矢量为零时,即 TI 等于 0.69 的脂肪 T1 时,加 90°RF 脉冲,此时脂肪组织没有信号产生。由于组织的 T1 值随磁场的变化而变化,对不同磁场的扫描系统,使用 STIR 序列时,TI 值也不同。对人体中受到呼吸和心跳影响较大的器官,如腹部、胸部等病变的显示,可用 STIR 序列,采用更短的 TR 和 TI 值以减少移动的影响。

另外值得注意的是在注射造影剂后使用 STIR 序列时,由于 Gd-DTPA 使血管分布丰富组织的 T1 值缩短,而脂肪组织一般血供不佳,其组织的 T1 值变化不大。在 T1 加权图像中脂肪组织为高信号,一步区分增强组织和脂肪,常在增强扫描中使用 STIR 序列抑制脂肪信号,以便达到鉴别的目的,如进行乳房扫描常用该方法。

STIR 序列的一种变形技术 FLAIR(fluid attenuated inversion recovery)是液体衰减反转恢复技术,该序列中不用短 TI 值使脂肪信号为零,而是用非常长的 TI 使生物体中水的信号为零。FLAIR 序列的作用是抑制组织结构中的脑脊液,从而确定非常小的脱髓鞘组织,如多发硬化等。FLAIR 序列中的 TI 大约为 2 000 ms,而 TR 大约为 5 000 ms,因此该序列的扫描时间比较长,甚至在高场强还有可能降低图像分辨率。

4. 梯度回波序列

GRE 序列是在自旋回波序列基础上发展起来的,与常规 SE 序列不同之处为:GRE 序列使用激励脉冲的倾角一般小于 90°,此脉冲后质子的纵向磁化矢量仍保持较大值,磁化矢量在纵向上恢复到平衡位置所需的时间明显较 SE 序列短,故可有效地缩短 TR 时间;梯度回波序列不使用 180°RF 脉冲使横向磁化矢量聚相,而是用反向梯度实现上述目的产生回波信号,这样回波时间明显缩短,减少了数据采集时间(图 3-46)。

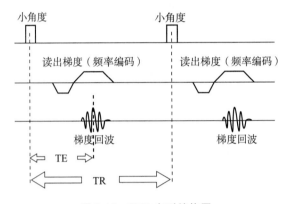

图 3-46 GRE 序列结构图

(1) 翻转梯度的作用

在标准 SE 序列中,激励脉冲之后用 180°RF 脉冲作为聚相脉冲,产生自旋回波,GRE 序列在激励脉冲之后用翻转梯度场代替 180°RF 脉冲产生回波信号,该信号称为梯度回波。激励脉冲之后,横向磁化的衰减是由组织内部的 T2 弛豫、磁场不均匀及梯度磁场引起的相位离散所致,GRE 序列中在一定时间范围内应用一定强度的梯度场,当梯度场翻转时,原先处于高场强的质子此刻处于低场强位置,而原先处于低场强的质子现在处于高场强位置,此时由于翻转梯度使质子进动速度发生改变,由此而发生聚相,产生梯度回波。

梯度翻转产生的回波与 180°RF 脉冲产生的回波不同。首先,180°RF 聚相脉冲暂时性翻转的是磁场不均匀产生的相位离散效应与梯度场产生的相位离散效应叠加的总体,所以其回波信号的波峰可达到 T2 衰减曲线的高度;而梯度回波仅翻转由梯度磁场产生的相位离散效应,这种回波信号波峰只能达到 T2* 衰减曲线的高度,在其他条件完全相同的情况下,梯度回波信号的幅度比标准自旋回波信号小;使用翻转梯度的原始目的是去掉 180°RF 脉冲,GRE 序列中回波时间是由激励脉冲到产生梯度回波之间的时间,由于采用了梯度翻转,使 TE 比 SE 序列中的短,一般标准梯度回波序列的回波时间可以短至 2 ms,它仅受 MR 系统梯度脉冲翻转开断速度的限制,随着 TE 时间的增加,图像的 T2* 成分加重。由于梯度回波序列中相位离散非常快,因此重 T2* 加权图像的 TE 值也小于 30 ms;GRE 序列去掉了 180°RF 脉冲,从而使 RF 吸收率减少,保证了病人的安全。对组织内有高磁化率物质的不均匀分布而造成局部磁场不均匀(如血肿中完整的红细胞内的正铁血红蛋白或脱氧血红蛋白），会导致信号下降，且磁化率相差较大的两种不同组织的界面处质子完全聚相比较困难，这是梯度回波成像中产生磁敏感性伪影的基本机理。

（2）小翻转角的作用

SE序列是用90°RF脉冲激励组织且使纵向磁化全部消失，而横向磁化矢量最大，为充分弛豫，需要经过一段相当长的时间（500 ms～3 000 ms）；为缩短成像时间，GRE序列一般采用小于90°的RF脉冲激励组织，使组织损失少部分纵向磁化矢量，恢复到原来最大纵向磁化矢量只需要用较短的时间（一般50 ms～100 ms），且翻转角越小，组织纵向磁化矢量恢复越快。

小翻转角度产生的横向磁化（$M_{XY} = M_0 \sin \alpha$）比SE序列中的小，因此产生的梯度回波信号强度比自旋回波信号弱，且由翻转角大小控制，这样GRE序列产生图像的信噪比比SE序列产生图像低，这是梯度回波序列的特性之一。

（3）梯度回波序列的图像特点

GRE序列中TR与TE对图像的影响类似于SE序列，只不过两者的TR、TE值的大小不同。GRE序列中，减少TR，增加组织的T1对比度，由于信号强度降低，信噪比也降低；增加TE值，可增加组织的T2*对比度。另外，GRE序列中，RF脉冲翻转角FA也可控制图像对比度，通常FA接近90°或等于90°的RF脉冲，使用短TR，则短T1组织弛豫快，信号强度高，得到T1加权图像；FA较小，由于组织纵向磁化仍很大，使不同组织间的纵向磁化相对差别较小，图像中T1对比减少，如果选择合适TE，可得到T2*加权图像，即可用短TR，小翻转角得到T2*加权图像。GRE序列的图像对比度取决于3个因素：激发角度FA、TR、TE。

GRE序列的优点为：使用小于90°的RF脉冲使TR缩短，整个成像时间缩短；用翻转梯度代替180°RF脉冲，减少了病人的RF吸收量；可用短TR的快速扫描得到T2*加权像。其缺点是：只能得到T2*加权像而得不到真正的T2加权像；梯度系统工作频繁对病人的噪声增加，信噪比低但有较高的对比度噪声比。

第四章 磁共振成像新技术

第一节 临床磁共振成像常用技术

一、门控技术

1. 心电门控技术

心电门控是减少心脏与血流伪影最重要的方法。心电门控成像可观察纵隔解剖、心脏结构及大血管结构,其优点是能获得心动周期预定点上的图像,同时也可作为检查时监视病人状况的手段。其不足之处为心电图 R-R 间期决定 TR 时间,大大限制了成像参数可选择的范围。门控需要把成像序列与生理性触发点联系起来,目前常用两种方法,其一为心电图触发成像(图 4-1),即心电门控;其二为周围脉冲触发,脉搏门控。近年的实践表明,心电门控技术比较成熟而可靠。

以心电图 R 波作为 MRI 测量的触发点,选择适当的触发延迟时间,即 R 波与触发脉冲之间的时间,以获得心动周期任何一个时相的图像。R 波触发可与多层面多时相扫描技术相结合。心电门控只在心门开放获取资料,凭借选择层面的稳定状态激发成像,能提供多时相扫描恒定的信号强度。

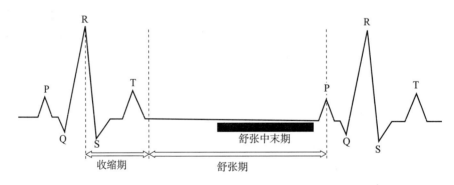

图 4-1 心动周期的心电变化

心动周期可简单分为收缩期和舒张期(图 4-1),单纯的形态学 MRI,其信号的采集一般在舒张中末期,此时段心脏运动相对静止。

2. 呼吸门控技术

呼吸运动伪影是胸腹部 MR 成像中一个很重要的问题,通过呼吸门控可以减少呼吸运动伪影,与心电门控结合使用。呼吸门控是通过选择性地处理呼气或吸气过程中某一时相所采集的信号来实现的,它常用一种能测量胸腹部呼吸运动的气压感受器或温度传感器来检测呼吸周期的频度。气带一般束于胸部或腹部呼吸运动幅度最大的部位,温度传感器测定鼻腔空气的温度变化。使用气压带时一定不能折压，否则测量不准确。呼吸门控常以其呼气或吸气相来获取 MR 信号数据(图 4-2)。呼吸门控控制的 MR 数据采集在每一次呼吸周期的吸气相时采集数据，可得到一系列对应于吸气相的某一层面的 MR 数据，使呼吸运动影响的成像层面数据保持相对恒定状态，而达到排除呼吸运动干扰的目的。

　　图像对比度好坏取决于 K 空间中心傅立叶线，为节省扫描时间，仅对中心傅立叶线使用呼吸门控，其他不用。门控率指整个扫描过程中使用呼吸门控的扫描线占整个扫描线的比率，一般为 10%～100%。由于呼吸周期并不规律，使得受呼吸门控调节的数据采集不易顺利完成，所以必须耗费较长时间(延长 1.5～4 倍)才能获取一组由呼吸门控控制的图像。近年来，许多新的抑制呼吸运动伪影的技术与呼吸门控匹配，取得了较好的效果。

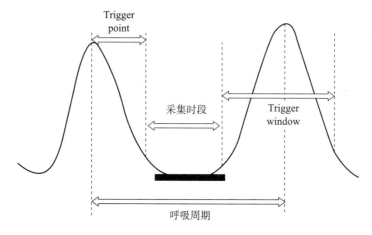

图 4-2　呼吸触发技术图

采集时段放在呼气末以后的平台期，即粗黑线段。"Trigger point"为探测到吸气末的波峰到扫描开始点的时间段，该时间段用呼吸周期的百分比表示，决定了序列扫描的开始点，一般设置为 25%～35%；"Trigger window"为扫描结束到下一次扫描开始点的时间段，该时间段也用呼吸周期的百分比表示，决定了每个呼吸周期中序列扫描的结束点，一般设置为 30%～40%

二、化学位移成像

　　化学位移成像也称同相位/反相位成像。理论上讲，某种原子核的共振频率只取决于这种原子核的旋磁比及外加静磁场强度，但实际上，分子中的原子核并非孤立存在的，而是处在一定的化学环境中，使同一化合物中同一种原子核的共振频率可能有差异。把在不同化学环境中的相同原子核在外磁场作用下表现出磁共振频率偏移的现象称为化学位移(chemical shift)。

　　MR 成像中利用和体现化学位移效应的成像方法称为化学位移成像。化学位移成像(chemical shift imaging，CSI)方法建立在对常规成像序列进行修正的基础上，这些修正的目的在于实现水信号和脂肪信号的分离，补偿场的非均匀性引起的谱线位置偏移，将化学位移信息与空间编码信息分开。化学位移成像的对象不仅是氢质子，还可以是其他在生化过程中起重要作用的元素核。

　　人体的 MRI 信号主要来源于两种成分：水和脂肪。水分子中的氢质子进动频率要比脂肪分子中氢质子的稍快些,其差别约 $3.5×10^{-6}$,相当于 150 Hz/T。这种进动频率差异随着场强的增大而增加。如果某一像素中同时有脂肪和水,射频脉冲激发后,脂肪和水的横向磁化矢量位于同相位,即它们的相位差为 0,而水质子比脂肪质子进动频率快,经过数毫秒后,水分子中质子的相位将超过脂肪中的质子半圈,即两者的相位差为 180°,其宏观横向磁化矢量将相互抵消,那么此时采集到的 MR 信号相当于两种成分信号的差值,我们把这种图像称为反相位。过了这一时刻后,两种质子的相位差又开始缩小,又经过相同的时间段,水分子中质子的进动相位将超过脂肪中质子一整圈,这时两种质子的横向磁化矢量相互叠加,此时采集到的 MR 信号称为同相位图像(图 4-3)。

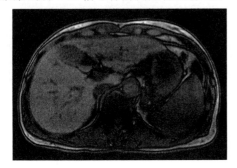　　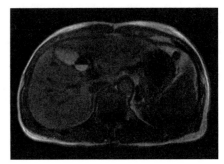

　　　　(a) 反相位图像　　　　　　　　　　　　　　　(b) 同相位图像

图 4-3　同反相位图像

三、脂肪抑制技术

在 MR 成像中,来自脂肪组织的高信号常干扰周围组织结构的成像。脂肪抑制技术对消除这些高信号的影响非常有用。目前,已设计出多种脂肪抑制技术,当它与顺磁性造影剂联合使用时,可以明显改善组织正常结构的显示,使有强化的病灶变得更加突出,在富含脂肪组织的部位,由于脂肪信号被抑制,病灶边缘可勾画得更加清晰。增强的脂肪抑制 T1 加权像比常规 SE 序列 T1 加权像提供更多的信息。脂肪抑制技术还可以减少伪影的干扰,提高图像质量,尤其是在 T2 加权像上表现更加明显。目前,脂肪抑制技术有多种,但多数是以下列四种或其变形为基础,即短时反转恢复法(STIR)、频率选择饱和法(CHESS)、Dixon 和 Chopper 方法及混合法,其中,前两者较为常用。

1. 短反转时间反转恢复法

短反转时间反转恢复(short TI inversion recovery,STIR)序列主要用于 T2WI 的脂肪抑制。STIR 序列对脂肪信号的抑制,不是根据化学位移的情况而是基于弛豫时间的长短。STIR 是根据弛豫过程中在某一时刻某种组织的纵向磁化矢量为零(该点称为零点)的特性,利用此点,能使不同的组织产生信号缺失。如果选择的 T1 值恰好等于某一组织到达零点的时间,则该组织就会出现信号缺失。零点值因组织而异,一般来说,相当于组织 T1 时间的 69%。而 T1 又依赖于场强,场强增高则延长。此外,零点值还取决于 TR 的长短,脂肪的 T1 非常短(1.5 T 时,大约 250 ms),当场强为 1.5 T 时,其零点值为 160 ms～170 ms;当场强为 0.5 T 时,其零点值为 90 ms～120 ms。因此,要抑制脂肪信号,T1 值的选择应根据不同场强的机型选用不同的脂肪组织的"零点值"。STIR 抑制脂肪信号的效果强,对病变的敏感性高,可达 100%,且受磁场均匀性的影响小,但有以下缺点:扫描时间长;图像信噪比差;特异性差,它不仅抑制脂肪组织信号,其他组织如果 T1 值等于或近似于脂肪组织,其信号也会被抑制。

2. 频率选择饱和法

脂肪组织中氢质子的进动频率比水中质子要低大约 3.5×10^{-6},我们可以利用这一特性来选择适当发射频率优先激发脂肪,进而使其抑制(图 4-4)。这是一种被广泛应用的脂肪抑制技术,是在无梯度场的条件下,以窄频带高斯脉冲优先激发脂肪 10 ms(优先于水),终止后用附加的梯度场使脂肪信号相位离散,20 ms 后,再开始使用所选择的脉冲序列,如果预选择的第一个 90°脉冲带宽与脂肪质子一致,则脂肪的质子离相或处于饱和状态,不受第二个 RF 脉冲的激励,因此信号中无脂肪质子的成分,为纯水质子图像。同样,如果预选脉冲带宽与水质子一致,则得出纯脂肪的质子图像。一般预选择脉冲到真正脉冲序列的时间间隔及预脉冲作用的时间在不同场强下不同,且发射的脉冲带宽也随磁场强度而变化。

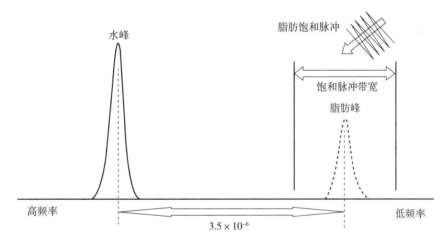

图 4-4　频率选择饱和法脂肪抑制技术原理

水分子中氢质子的进动频率比脂肪中的质子快 3.5×10^{-6},先施加脂肪饱和脉冲,其中心频率与脂肪中氢质子的进动频率一致,带宽较窄,仅包含脂肪峰的频率范围,这样只有脂肪组织被激发而饱和,水分子不被激发。当真正的成像脉冲激发时,脂肪组织因饱和而不产生信号,只有水分子被激发而产生信号

在常规 SE 序列的每一层面选择脉冲前,可以使用该脉冲,操作者无需改变数据,也不需做任何后处理工作。该脂肪抑制技术容易与 SE 序列合用,但有以下缺点:需要额外的射频脉冲及梯度场,增加扫描时间,也增加了病人的特殊吸收率;减少了每个 TR 所允许的扫描层数;易受磁场的非均匀性和病人磁敏感性的影响,磁场均匀性越差,脂肪抑制效果越不好;越偏离中心的部位,脂肪抑制效果越差;降低了整个图像的信噪比。

3. Dixon 和 Chopper 方法

Dixon 阐述了一种简单的化学位移成像技术,其 MR 图像能将水和脂肪的信号区分开来。该方法是,两幅相位敏感图像,一幅为常规(同相位)图像,一幅为水和脂肪质子的相位差为 180°的图像,然后把两幅图像进行减影,就可得到单一的水或脂肪图像。使用 Dixon 方法必须要获得两套独立的图像数据。该技术即为射频回波比梯度回波延迟的化学位移成像技术。

Chopper 脂肪抑制技术是对 Dixon 法的软件进行了简单的改良,它在获得图像的过程中就可以自动处理数据,是用来处理成对的激发脉冲以纠正数据采集过程中的不完善。因此,就省去了图像数据采集后的重建过程,此方法还可减少病人运动所造成的伪影。

4. 混合法

由 Szumowki 等开发了一种自旋回波模式的混合性脂肪抑制技术,它是应用两种独立的物理机制来消除脂肪信号,即频率激发方法和相位敏感法,利用二者的优点形成一种双激发序列。混合法是使用一种称之为 1-3-3-1 的频率选择脉冲,再加上失相位和同相位的数据采集方法。所谓 1-3-3-1 脉冲是指一系列相等间隔,按 1:3:3:1 比例发射的宽频带短脉冲(即硬脉冲),在无外加梯度场的条件下,含水和脂肪的样本时,或激发水,或激发脂肪,称为 FATS(fast select)。把它用于混合序列时,脂肪受激发后很快发生相位离散,便产生仅有水质子的图像,称为 WATS(water select)。其特点为脂肪信号呈均匀一致地消失,比两种方法任何一种单一使用时效果都要好。与两次激发的自旋回波序列相比,该技术有极好的脂肪抑制效果并不伴有成像时间的明显延长,也无需增加图像的后处理过程,但此项技术要求观察野内静磁场的均匀性要超出水和脂肪化学位移的差异,因而目前只适用于高场强。如果磁场均匀性尚可,也可用于中场强。

第二节　磁共振血管成像技术

磁共振血管成像(magnetic resonance angiography,MRA)是无创的、无射线的血管成像方法,它不仅能够提供正常血管的解剖及其病理改变,同时还可显示血流的速率和方向。1985 年,Wedeen 首先报道了其在临床的应用。常规 MRA 利用磁共振对流动效应的特殊敏感性显示血管,描述了血液的物理性质,MRA 不仅能显示一个方向上的血管,而且能显示成像区域内的所有血管,且得到三维成像,可从任意方向投影成像,既可同时显示动脉、静脉及毛细血管,又能分别显示,因此它在血管领域内的研究具有很大的潜力。虽然目前常规MRA 成像序列在显示血管时还出现一些问题(如伪影干扰图像、对毛细血管分辨力差等),但近年来 MRA 的临床应用越来越普及,各种新的扫描序列层出不穷,如快速梯度回波技术、回波平面技术(EPI)、多层薄块重叠采集技术(multiple overlapping thin slab acquiailion,MOTSA)、空间预饱和技术、磁化传递技术及血流补偿技术在一定程度上弥补了常规 MRA技术的某些不足,充分开拓了 MRA 的能力,使其在临床上的应用越来越广。

近年发展起来的三维动态增强磁共振血管成像(three dimensional dynamic contrast enhenced MRA,3D DCE MRA),克服了常规 MRA 的缺陷,同时也具有无创、无射线及不用含碘造影剂等优点,有广阔的临床应用前景。随着磁共振技术的发展,时间空间分辨率的提高,3D DCE MRA 已逐渐成为重要的临床检查方法,甚至能在部分血管疾病患者中取代DSA 成为首选。

目前,MRA 至少可以显示大血管及各主要脏器的一、二级分支血管。MRA 用于血管性病变的诊断有:血管栓塞、血栓形成、血管硬化分期和动静脉畸形等。与 MRI 造影剂联合使用的 CE MRA 可显示与肿瘤相关的血管,结合快速序列对腹部血管进行诊断等。磁共振血管成像方法很多,基本成像方法有时间飞逝(time of flight,TOF) MRA、相位对比(phase contrast,PC)MRA 及对比增强(contrast enhanced,CE)MRA。

针对生物体内流体的流动效应及其对 MR 信号的影响,在脉冲序列设计中可根据临床需要突出一种效应而抑制另一种效应,如突出流入增强作用,减少相位效应对图像的影响称为时间飞逝(TOF)MRA,若突出相位效应,抑制流入增强效应,维持稳定的信号,称为相位对比(PC)MRA,另外还有一种称之为强度对比(MC)的 MRA 方法是利用相位离相聚相成像相减而产生图像。每一种方法都从不同角度充分地显示血流信号。

一、时间飞逝 MRA

采用快速扫描序列,利用流入增强效应,选择适当的 TR 及 RF 脉冲倾角 FA,使背景静止组织处于稳定状态,不产生或产生较少的 MR 信号,而刚流入成像体层的血流未达到稳定状态,产生 MR 信号,增加血流与静止组织的对比度,充分体现血流的形态。时间飞逝技术按数据采集处理方法的不同可分为二维时间飞逝法(2D-TOF)和三维时间飞逝法(3D-TOF)。

3D TOF MRA 是建立在梯度回波序列上的成像方法,它通过流动补偿作用,由流动增强效应来区分血流与背景组织的信号。3D TOF MRA 采集序列中,RF 脉冲激励的是一个较厚的区域(32 mm~64 mm)把这一 3D 区域分成大约 1 mm 的层块(slab)进行处理(一个区域块常常分为 30~60 部分)(图 4-5),得到的是一系列层面的信号,然后用最大密度投影法(MIP)进行后处理(图 4-6)。3D TOF MRA 技术提供了较高的信噪比,且可获得较小的体素和短 TE,降低了各体素的离相作用。3D 薄切面的产生是通过沿层面选择方向的相位编码实现的,在 3D TOF MRA 中给定 TR、FA 和物质 T1 后,静止质子在短时间内反复被激励后处于稳定饱和状态,血流进入成像体时处于未饱和状态,因此血流表现为高信号。但在血流通过成像体时,也受到 RF 脉冲的反复激励,而逐渐饱和,因此信号逐渐减低,这一过程与血流速度、流动方向,成像体积、序列的 TR、TE、RF 脉冲的倾角 FA 及层厚等因素有关。

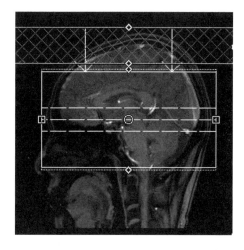

图 4-5　3D TOF MRA 采集序列的层块

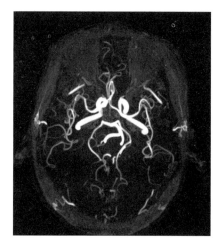

图 4-6　最大密度投影法(MIP)进行后处理

2D TOF MRA 是一种以流动为基础的图像数据采集方式,它需要一个梯度回波脉冲,与 3D 成像不同的是 2D 成像不是对整个感兴趣区(FOV)的层体进行反复激励,而是通过选层梯度得到每一层面,2D 成像是按单一层面进行,一层接一层地激励并进行图像数据的采集,多次激励只采集一层信号,整个感兴趣层体是以一个连续多层面的方式进行图像采集和处理的。

在 TOF MRA 中血管由于流动增强效应而呈现高信号,但在 3D TOF MRA 中激励的是整个成像体,受多次激励的血流信号强度随它进入采集层体的程度而降低,这种饱和现象除了可用改变扫描参数如 TR、FA 等来解决,还可以通过减小层体的厚度来解决,这就是所谓的 3D 连续层体 TOF MRA,把一个 3D 层体分为多个 3D 薄层体,并重复扫描,把得到的3D 数据组合成一个 3D 层体进行后处理,得到一个完整血管成像图像。3D 连续 TOF MRA实际上是多层体 3D TOF MRA 技术,它具备 2D TOF MRA 和 3D TOF MRA 的优良特性,该技术目前在临床上应用很广泛,因为它能对大范围的血管成像,如一般的血管成像技术很难对从主动脉分叉到 Willis 环这一大范围整个成像。

二、相位对比 MRA

相位对比 MRA 的信号与质子横向磁化矢量的相位有关,其基础是流动质子的相位效应,它是在常规梯度场的基础上合并对称流动编码梯度的成像方法。PC MRA 对慢血流的小血管非常敏感,血流与背景组织的对比决定于血液的流速而不是组织的 T1 值,PC 技术对背景信号的抑制能力很强,且能对血液流速做定量测量。在 PC MRA 中施加双极性梯度脉冲,这对梯度脉冲大小相等、极性相反,施加第一个梯度场,则质子横向磁化矢量相位产生一定位移,再加第二个同样宽度但极性相反的梯度,则固定组织相位位移因此被取消,而流动质子在此期间移动了一段距离,其质子的相位位移不能被取消,这一相位位移与质子在第二次梯度脉冲时质子的移动距离成比例,即与流速成比例,流动质子相位的这种变化是 PC MRA 的相位敏感性流动成像的关键。影响 PC MRA 对比度的因素有:血流方向、流速大小、相位离散程度、流动补偿和饱和作用等。

PC MRA 中,双极性流动编码梯度只能施加在一个方向上,如前到后、左到右或上到下,在一些解剖结构中,如颈动脉分叉处,仅在一个轴上加流动编码梯度就足够了,成像结果用记录体素的值代表流动方向,如在一个上到下的流动图中,从上到下流动由体素的正值表示(高信号),而从下向上流动由负值表示(低信号),但对于由各方向组成的颅内血管,单一流动方向就解决不了问题。为得到整体的流速图,必须在各个方向上进行测量,再用数学方法把来自各方向的测量结合成一个称之为流速图的组合图像,之所以称为流速图是因为它是由多个方向组成且含有速度矢量的幅度图像,用矢量表示流体的速度,它包含流速大小(所谓模)和流动方向(即角度),每个流动测量也可以利用速度和流向信息产生相位图。用特定PC MRA 序列得到的图像体素值正比于 $M \times V$;M 是一般的幅度图像,V 是流体速度,通过这种关系可测量血流速度。

在 PC MRA 中,流速对应的最大相位位移代表序列的流动敏感性,把流动敏感因素称为速度编码值(velocity encoding value,VENC)或最优速度范围(optimal velocity range,Vopt)。PC MRA 可定量计算血流速度,但在测量中必须选择包含感兴趣区血管内最大血流的 VENC,当 VENC 选择后,双极性流动编码梯度就被调整到能显示 VENC 以下流速的血流范围,且流速为 VENC 的血流信号最高。对流速高于 VENC 血流在速度图像中表现为低信号(低流速)。

2D PC MRA 和 3D PC MRA 一样是利用双极性相位编码梯度的形式进行血管成像,只是 2D PC MRA 对数据采集是一系列连续的切层或单个层面,而不是一个层体。而且它只能在一个平面上进行投影。在 2D PC MRA 中无论采用何种投影技术,成像体素都不十分均匀。在同一体素范围内可能包括有几条方向不同的血流或交叉重叠的血管,这种情况下,来自一个体素的不同血管的绝对相位是不同的,它们可能相互干扰、抵消,以致信号消失,为克服以上缺点,可用短 TR 进行多次采集。

心电门控 2D PC MRA 是基于 MR 电影成像。TR 保持不变,相位编码由 ECG 触发,这种电影梯度回波序列的改变应用双极性梯度作为流动编码,VENC 与非门控 2D PC MRA 选择一样,将心动周期许多不同点上的 PC MRA 采集综合起来,用这一方法可在一个心动周期内得到多达 32 个点的信息,并从这些信息中得到幅度与相位成像。这一技术对盆腔和四肢的血管特别有意义,因为这些部位的血管的动态变化范围较大。

3D PC MRA 用于诊断动静脉畸形、评价颅内动脉瘤、用于静脉闭塞和畸形的诊断、可大范围成像(如整个颅脑)、用血管组成检查先天畸形、评价外伤性颅内血管损伤。3D PC MRA 比 3D TOF MRA 显示更慢流速的血流,分辨率高,从不同方向产生高分辨率的 MIP 投影图像,优秀的背景抑制,对快慢血流都敏感,可产生幅度和相位图。但 3D PC MRA 由于在多个方向应用流动编码,扫描时间比 3D TOF MRA 长,重建时间长,对涡流的敏感性比 TOF 技术高,有可能用 2D PC MRA 决定最优 VENC。

2D PC MRA 适用于显示门静脉结构、可用不同的 VENC 显示动静脉畸形和动脉瘤、为 3D PC 定位。2D PC MRA 扫描速度快,可得到多个 VENC 下的血管成像,对慢、快血流都敏感,容易确定血流方向,定量分析流速,得到心电 2D PC MRA。但 2D PC MRA 不能多方向进行投影,体素大,产生体素之间的离相,TE 长使血管狭窄处信号丢失。

三、三维动态对比增强 MRA

三维动态对比增强 MRA 是通过静脉内注射顺磁性造影剂,利用造影剂在血管内的高浓度聚集,明显缩短血液的 T1 弛像时间,同时配合快速梯度回波 MRI 成像技术的短 TR 效应有效地抑制周围背景组织的信号,形成血管信号明显增高而周围静态组织信号明显受抑制的强对比效果成像。将得到的原始图像经过计算机后处理,可得到类似于常规 X 射线血管造影的图像。该技术利用 T1 时间明显缩短的效应,与血液的流动效应无关,无需心电门控和空间预饱和技术,便可克服常规非增强 MRA 技术的不足。

成像速度直接影响 3D DCE MRA 成像的质量。由于 MR 数据采集速度依赖于梯度编码速度,也就是依赖于梯度场强和梯度切换率,因此 3D DCE MRA 对硬件的要求,希望场强较高(一般为 1.5 T),较高的梯度场强(≥ 250 mT/m)及较高的梯度切换率〔屏气扫描要求切换率至少在 100 T/(m·s)～120 T/(m·s)〕。但也可用较低场强和梯度场强的设备,当采用低场强和梯度场强时,会导致图像信噪比下降,扫描时间延长,难以一次屏气完成扫描和"选择性"动脉期成像。目前的商用机型所具备的性能,已完全可以达到在一次屏气状态下完成一次甚至数次感兴趣血管的数据采集要求。相控阵线圈的应用可以使图像的信噪比及空间分辨率明显提高。目前新机型已配有大范围的相控阵线圈,可在一次扫描中完成大范围的血管成像(图 4-7)。此外如并行采集技术等快速成像技术的应用,也必须在使用相控阵线圈的基础上才能实现。

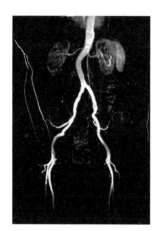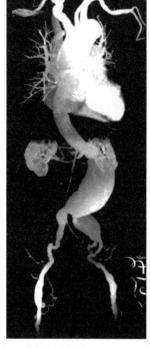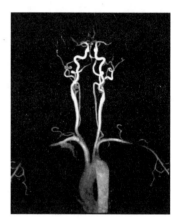

(a)全腹部3D DCE MRA图像　　(b)胸部与全腹部3D DCE MRA图像　　(c)颈部3D DCE MRA图像

图 4-7　采用大范围的相控阵线圈完成大范围的血管成像

MR 专用高压注射器也是确保 3D DCE MRA 成功进行的必要设备。高压注射器可以控制注射造影剂的速度与容量,确保造影剂精确团注,造影剂注射完毕后可自动切换注射生理盐水,将连接管和手臂静脉中的造影剂冲入上腔静脉。此外可在静脉通道建立后滴注生理盐水,保持静脉通道开放,防止局部凝血。

由于血管内血液的流动特性,决定了理想的 3D DCE MRA 扫描序列应当是成像速度快,时间分辨率高,能在短时间内分别获得不同时相的血管强化信息。同时要求含造影剂血液与背景组织具有良好的对比及足够的空间分辨率。目前用于 3D DCE MRA 成像序列主要是快速梯度回波序列,如果加上扰相技术可以起到抑制背景组织的信号,突出 T1 对比度,增强造影剂的作用,并且不增加扫描时间。

不同扫描参数的选择对图像质量有着直接的影响,在选择时应根据 3D DCE MRA 技术要求进行调节,目的是获得最短的扫描时间,最佳的对比度及适宜的空间分辨率。

3D DCE MRA 的成功需要准确掌握造影剂团注的延迟时间,扫描过早,引起严重伪影,以致检查没有价值,扫描过晚,则动脉内造影剂浓度过低,且静脉显影影响图像质量。因此 K 空间中心采样要与造影剂通过目标血管中的最高浓度期相吻合,才能获得图像的最佳对比效果。确定从注射造影剂静脉,到达所要研究的血管的走行时间,可用测试法、自动触发、MR 透视触发等。

四、磁共振血管造影成像中的特殊技术

磁化传递对比(magnetization transfer contrast,MTC)技术是对大分子池中紧密联结的质子行选择性射频饱和脉冲,经一定的相互作用,使大分子池中质子的磁化饱和性传递到邻近的水分子中,改变组织豫迟特性。MTC 技术用于增加一般 MR 成像的对比度、提高成像特性、增加分辨率或减少成像时间(由于增加了对比噪声比),因此它对多种检查序列非常有用,尤其不用增加扫描时间即可提高 3D-Flash 及一些快速扫描序列成像的对比度,可提高乳腺肿瘤、肝转移及多发性硬化分级的对比。

倾斜最优非饱和激发(tilted optimized nonsaturating excitation,TONE)技术是在 3D TOF MRA 中采 RF 倾角激励的方法。当血流刚进入扫描层体时,运动质子完全弛豫,流入增强效应明显,当血流进入层体一定距离后,由于运动质子多次受到 RF 脉冲的激励,使纵向磁化矢量减小直至达到一个稳态。TONE 技术就是克服这种饱和作用的方法之一,当血流方向垂直于扫描层体时,血流刚进入层体未饱和时,采用小 RF 倾角激励,对进入层体后的部分饱和运动质子采用大 RF 倾角激励弥补血流信号的损失,从而保证血流信号在整个层体中的均匀一致性。

第三节　磁共振水成像及排泌性腔道成像技术

磁共振水成像是近年来发展迅速的 MRI 技术之一,是一种安全、无需造影剂、无创伤的影像学检查手段,在某种程度上可代替诊断 ERCP、PTC、IVP、X 椎管造影、X 涎管造影等传统检查。磁共振水成像是根据人体器官内液体具有长 T2 弛豫的特性,综合应用磁共振扫描序列和参数,利用重 T2 加权技术使实质器官及流动血液呈低信号,而相对静止液体表现出明显高信号,通过后处理技术获得类似于各种 X 射线造影的液体 MR 影像。可应用于胰胆管、泌尿系、椎管、涎管、内耳淋巴管、泪囊、精囊和肠道等含水器官的显示,其中以磁共振胰胆管造影、磁共振尿路造影、磁共振脊髓造影及磁共振内耳成像在临床上应用较多。随着 MR 设备及其新技术的不断发展,磁共振水成像技术也在不断开拓,不断完善,其应用范围日趋广泛。MR 水成像的优点:无侵袭性,不需插管,无操作者技术问题;不用造影剂,无造影剂不良反应的问题;器官内的液体是天然对比剂,即使管道完全阻塞时亦能观察管道远端的影像。有感染时也可做此检查;疑有导管狭窄者,可在任何平面获得多层投影的影像。MR 水成像的图像接近应用造影剂 X 射线造影,其影像分析的原则相同,是观察解剖形态很好的方法,是理想的影像检查方法。

一、MR 水成像原理

磁共振水成像是对各种含水器官中的自由水进行成像,人体的胆道系统、泌尿系统、椎管、泪道等含水器官中充满了大量水,这些水主要以自由水的形态存在,由于自由水的 T2 弛豫非常缓慢,这为利用重 T2 加权成像进行检测提供了条件。MR 水成像即根据人体内含水组织具有长 T2 弛豫的特性,综合应用磁共振扫描序列和参数获得重 T2 加权像,达到水造影的目的。在 MRI 中,正常组织的 T2 加权像利用长 TR(1 500 ms～3 000 ms)和长

TE(90 ms~120 ms)的扫描序列来获得,为了更突出地显示含水器官,在磁共振水成像中采用重 T2 加权技术,即采用特别长 TR(>3 000 ms)和特长的 TE(>150 ms),长 TR 主要为了取得 T2 效果,长 TE 则为了进一步增强 T2 加权特性,即将一般组织的信号降低,从而使含水的信号更加突出,因此 TE 值在水成像中非常重要。MRI 中 TE 是控制图像 T2 对比度的重要因素,当 TE 小于组织的 T2 值时,在组织信号衰减程度较低时采集信号,该组织信号较高,在图像中表现为高信号;当 TE 大于或等于组织的 T2 值时,采集信号时组织的信号大部分已衰减,且随着 TE 的增加,信号衰减幅度越大,该组织在图像中表现为低信号。

人体组织中正常肝的 T2 值 40 ms~50 ms,肾的 T2 值 55 ms~65 ms,脂肪的 T2 值 80 ms~90 ms,脑脊液 T2 值 300 ms~500 ms,磁共振水成像采用重 T2 加权像 TE 值特别长,大于周围组织的 T2 值,使周围实质器官呈低信号,形成"暗"的背景,快速流动液体如动脉血,由于流空效应在影像上表现为信号缺失,流速缓慢或停滞的液体(如脑脊液、胆汁、尿液、静脉血等)T2 值远大于扫描所选的 TE 值,因此这些液体呈高信号,这样达到水成像"造影"的效果,形成良好的对比度。磁共振水成像采用长 TR、长 TE 脉冲序列进行重 T2 加权像,成像时间较长,因此通常采用 TSE 序列或 GRE 序列进行成像。

二、排泌性腔道 MR 成像

磁共振水成像的临床应用包括磁共振胰胆管成像(MR cholangio-pancreatography, MRCP)、磁共振泌尿系统成像(MR urography,MRU)、磁共振椎管成像(MR myelography, MRM)、磁共振内耳淋巴成像(MR labyrinthography,MRL)、磁共振涎腺管成像(MR sialography,MRS)、磁共振脑室成像(MR ventriculocisternography,MRV)及磁共振鼻泪道成像等。

MR 胰胆管成像是观察胰胆管系统解剖和病理形态的技术。在 MRCP 之前,应用经内镜逆行胰胆管造影(endoscopic retrograde cholangio-pancreatography,ERCP)技术显示胰胆管管腔形态和病理改变,ERCP 需插管后经导管注入造影剂,而 MRCP 不需插管和注入造影剂(图 4-8)。ERCP 并发症发生率为 4%~7%,不成功率为 10%~15%,ERCP 的优点不仅可作为诊断,能清楚地勾画出胰管的小分支,而且作为治疗,ERCP 和 MRCP 可互补。MRCP 由于是无创,可作为初筛的检查手段以及占位性病变远端部位的检查。MRCP 显示正常胰胆管结构及其变异,无注射造影剂压力的影响。当上消化道手术和改建后或食管、十二指肠严重狭窄难以插管不能做 ERCP 时,即可选择 MRCP。MRCP 可用显示胆石症、良恶性胆管阻塞、急慢性胰腺炎、胰腺癌、胰腺黏液囊腺瘤、先天性胰管扩张、胰腺分离症。对于恶性肿瘤性黄疸不能手术切除只能做姑息治疗者,可做 MRCP 来确定胆管内支架放置的部位。

MR 泌尿系统补充了泌尿系统影像检查方法,过去用静脉尿路造影和逆行肾盂造影来观察泌尿系的解剖和病理情况,后可用超声、CT 和常规的 MRI 技术,但仍有误差和受限之处,静脉尿路造影逆行肾盂造影和 CT 增强扫描都要造影剂,存在碘不良反应的问题,有发生死亡的危险,对肾功能差或丧失者,肾显影差,使诊断明显受限。应用 MRU 可同时观察肾盂肾盏和肾实质,以及输尿管和膀胱,因不用碘造影剂,可避免碘不良反应的危险,而所得的图像和静脉尿路造影相似,因此,MRU 特别适用于对造影剂过敏或严重肾功能损害者、儿童和妊娠者,可避免碘不良反应和 X 射线曝光。MRU 可用于肾肿瘤、囊肿、结核、输尿管梗阻性病变和膀胱肿瘤等的诊断,亦可用于了解盆腔恶性肿瘤侵及输尿管以及盆腔肿块与输尿管的关系(图 4-9)。

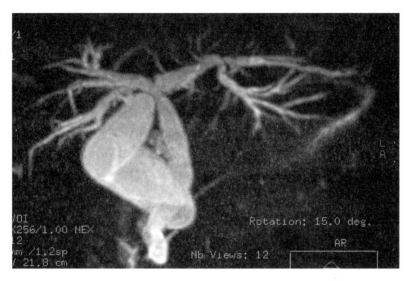

图 4-8　MRCP 图像

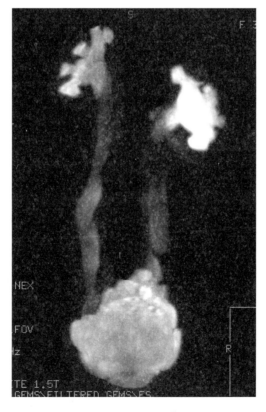

图 4-9　MRU 图像

双侧肾盂积水,双侧输尿管全段扩张,膀胱充盈尚可,膀胱壁可见多个囊袋状异常信号影

　　MR 椎管成像是观察脊髓解剖和病理形态的方法,该方法不需腰椎穿刺注射造影剂,避免了蛛网膜下腔穿刺和注射造影剂所引起的不良反应,该技术可代替 X 射线脊髓造影和 CT 脊髓造影。MRM 可观察脊髓、马尾、神经根和椎间盘等。腰骶椎 MRM 的影像是满意的,能满足临床要求;在颈椎段的蛛网膜下腔相对窄和脑脊液搏动性流动的影响,MRM 影像质量受到影响,因而不能广泛地用于颈椎段的检查,尚需进一步改进技术;MRM 可用于椎管肿瘤的诊断,判定肿瘤的位置是位于硬膜外、髓外硬膜或脊髓内;对于椎间盘突出者,除能确切定位外,亦可显示其神经根周围囊肿和蛛网膜粘连,以及对脊髓空洞症、脊椎骨病变、腰神经压迫综合征和椎管狭窄的诊断亦有帮助。

　　MR 涎腺管造影是非侵性检查,不需要插管和注射造影剂就可了解涎腺导管的开口和口径的异常,以及与其相邻的肿块性病变。涎腺导管开口细小,对插管技巧要求较高,有时插管难以成功,而 MRS 无插管技巧问题,患者无痛,主要用于炎性病变和肿瘤的诊断。MR 内耳淋巴管、鼻泪道和输卵管等部位的 MR 水成像具有潜在的临床意义。

第四节　磁共振扩散加权成像及扩散张量成像技术

一、扩散加权成像

　　扩散是由分子的布朗运动引起的,指分子由于热运动而时刻不断地随机性改变运动方向和位置的现象。水分子在不同组织中有大小不同的扩散系数。如水在脑脊液和在灰质中的扩散系数相差 4 倍。扩散系数可能因病理改变而变化。脑白质中因神经纤维走向对水运动的壁垒效应有方向性,这种组织中水的扩散系数有各向异性现象,扩散系数和 T1、T2 参数一样可以被 MR 成像用来产生组织的影像对比度。利用成像层面内水分子的扩散系数的分布产生对比度的成像方式称为扩散加权成像。

　　为获得描绘组织扩散系数分布的影像,需要改变梯度磁场的强度或持续时间采集两幅影像,由这两幅影像计算出每个体素的扩散系数。所谓体素内无序运动或扩散成像即指由此计算出来的影像。在扩散加权成像中所用的梯度场很强,能使组织间的扩散差异明显反映出来。在扩散加权影像上低扩散呈高信号,高扩散呈低信号。

　　扩散影像对几种病变的临床诊断能提供 T1 或 T2 加权影像所不能提供的信息,急性脑出血的出血部位,在出血后 3 h 的 T2 加权影像上不能判定,但用高梯度场获得的扩散加权影像上,出血后 1 h 可见出血部位明显的高信号,说明出血部位水的扩散降低,DWI 显示高信号(图 4-10)。囊性病变依囊液的蛋白量多少,有无出血等因素在 T1 或 T2 加权影像上显示不定信号强度,但扩散加权影像能提供关于囊液黏性方面的信息,有利于确定囊性病变的性质。

　　生物组织中各种膜的限制不仅使水的扩散

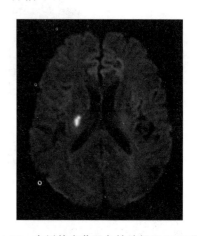

图 4-10　右侧基底节区急性脑梗死 DWI 图像

能力降低,而且使水的扩散表现出各向异性现象。通过施加不同方向的梯度磁场可以观察到不同大小的扩散,可用于白质各向异性的检测。同大脑中的缺血过程或伸长的神经束和各向异性结构有关的受限制的扩散,可通过深度扩散加权影像测量,检查早期的缺血损伤(中风)是大脑扩散成像的最重要的应用。

二、扩散张量成像

近年来扩散加权成像在超急性期及急性期脑梗塞的早期诊断中起了重要作用,但由于其仅在一个或三个方向施加扩散梯度磁场,所以不能正确评价具有不对称组织结构的各向异性特点。随着成像设备及技术的发展,新的扩散成像方式扩散张量成像(diffusion tensor imaging,DTI)已初步应用于临床,成为临床诊断和研究脑白质病、脑血管疾病及精神障碍性疾病的新方法。

Higano 等在进行测定中风和脑肿瘤病人内囊和放射冠的扩散各向异性特点的研究时,将扩散梯度磁场分别施加在 X、Y、Z 轴上,但是研究结果表明,三个方向扩散加权成像计算出的组织各向异性程度往往被低估,测得的数值往往是旋转变量(即值随扩散方向及磁场内被检病人的体位和方向而改变),因为大部分的脑白质纤维通路常常倾斜于磁场坐标方向,所以单从一个或三个方向施加梯度磁场不能正确评价具有不对称组织结构的各向异性特点,准确地沿着纤维方向进行扩散各向异性评价需进行扩散张量成像。

对于扩散加权成像,只有扩散系数一个标量值用来描述扩散,而扩散张量则完全描述了每一个方向上水分子的移动及在这些方向上水分子移动的相关性,张量本质上是一幅三维空间的方向矢量图,显示了有方向性的白质纤维束内水分子移动的选择性。

扩散张量成像对检查所用的磁共振系统要求较高,需要设备提供一个可迅速变化的强梯度磁场[梯度切换率不小于 30 mT/(m·ms)]及在至少 6 个方向来采取数据,也有在 256 个方向上施加扩散梯度磁场来采取信息的,最常用的扩散张量成像方法为超快速单次激发自旋回波技术,尽管由于局部磁场的不均一性可引起严重的几何学测量伪影,但由于其有效地冻结了生理影响,已成为最常用的扩散张量成像方法。同单次激发平面回波成像相比,梯度自旋回波技术所获得的图像扭曲程度更低,但采集时间过长,多次激发自旋回波平面回波技术也可作为扩散张量成像的方法,为了纠正运动伪影,多次激发自旋回波式平面回波序列采用导航回波技术,通过采取作为每一个平面回波之间读出方向上的导航回波来纠正,同时一个附加的参考图像被用来纠正平面回波成像奇偶数回波造成的伪影。

同扩散加权成像不同,扩散张量成像不仅可以准确评价不同时期脑梗塞时脑灰、白质内水分子扩散各向异性改变特点,并且其经过重建的特征矢量图,可以显示出慢性期脑梗塞病灶远端神经纤维束走向的改变及其完整性,成为评价脑梗塞患者预后的重要工具。利用扩散张量成像技术还可评价脑内肿瘤组织细胞密度,并可对由于脑肿瘤引起的脑白质神经纤维传导束走向的改变作出评价。DTI是一种临床上有效评价脑白质结构完整性及连接性的重要技术,现已广泛应用于脑白质病、血管病变及脑肿瘤等疾病的研究(图 4-11)。

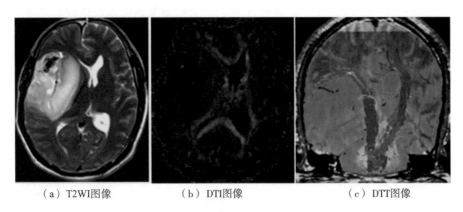

| （a）T2WI图像 | （b）DTI图像 | （c）DTT图像 |

图 4-11 右额、颞叶混合型胶质瘤（WHO Ⅰ-Ⅱ级）

扩散张量成像是一种新的功能成像技术，可为临床研究提供新的结构和功能参数，例如扩散张量的特征矢量图、扩散张量的轨迹、脑组织扩散各向异性的准确测量以及脑白质纤维束组织和方向的估计，这都有助于加深对于中枢神经系统内神经通路、纤维联结性及功能联系性的理解及进一步研究。

第五节 磁共振灌注加权成像技术

大脑中微小血管的血流量增加可以引起这些血管所在区域的 T1 明显变化，将组织毛细血管水平的血流灌注情况通过 MRI 方式显示出来，从磁共振角度评价局部的组织活力及功能即为磁共振灌注成像。

以往已有多种方法可以对活体组织的灌注进行评价，如 PET、SPECT 等，都通过应用示踪剂完成对组织灌注的评估。磁共振灌注成像可以利用外源性示踪剂（顺磁性造影剂）或内源性示踪剂（自身血流）作为扩散示踪物。注射外源性示踪剂产生灌注成像的方法，称对比团注示踪法；利用内源性示踪剂产生灌注成像的方法，称动脉血流自旋标记法。

毛细血管内血液的流动同扩散一样可以看作没有一定方向的随机运动或无序运动，但大脑中与灌注有关的毛细血管所占的体积比与扩散有关的毛细血管外的组织少得多。为了将扩散信息与相对小的灌注信息分开，需要把噪声、运动伪影的影响压到非常低的水平。

临床上所用的方法是使用对比剂进行灌注成像，通过注入 Gd-DTPA 进行灌注成像是利用磁化率效应的方法。高浓度的 Gd-DTPA 迅速通过血管，在血管内外引起磁化率的差异，因此，对比剂通过期间用 $T2^*$ 加权梯度回波序列或 EPI 序列采集的信号将减小，对比剂通过后，信号强度逐渐恢复，把信号变化的幅度与平均输运时间结合起来可以得到大脑的流量信息，逐个按像素确定对比剂通过的动态特性，这些数据可以转换成局部大脑 CBV 图，用以描绘大脑的活性区域，评价急性中风或脑白质退行性病变的组织灌注。

因为造影剂不能通过血脑屏障进入组织间隙，只能在毛细血管内，而毛细血管的容积仅占脑容积的 $4\%\sim5\%$，造影剂所致的 T1 弛豫时间很小，而高浓度的顺磁性造影剂瞬间首次通过毛细血管池，毛细血管与组织间产生强烈的磁化率差异，这种差异在磁敏感加权（$T2^*$加权）时能够充分表现出来。在 $T2^*$ 加权成像时，造影剂通过期间其信号强度下降，而造影剂通过后,信号会部分恢复,忽略 T1 弛豫效应,则 T2* 加权信号强度的变化率与局部造影剂的浓度成正比,显然与局部相对脑血容量(rCBV)也成正比。通过一系列快速连续测量,可产生一个时间-信号强度曲线。从曲线上可以计算出造影剂的平均通过时间(mean transit time,MTT),并通过 MTT 计算出局部脑血流量(CBF)及局部脑血容量(CBV)。动脉血自旋标记法要求到达采集区域的动脉血流是处于磁饱和状态。所以在血流到达脑部之前(颈部),必须进行自旋饱和处理,饱和状态的自旋质子流入脑组织与局部血管床内外质子进行交换,使局部脑组织的信号下降。通过测量兴趣区脑组织影像信号的强度,并研究其是否受动脉血流自旋标记的影响,可以获得局部脑组织的灌注信息(图 4-12)。实际上,这些组织磁化强度的改变依赖于组织的 T1 值及局部的血流量,应用这一技术,可以获得脑血流量图、通过时间,并能估计饱和程度。

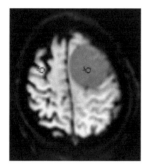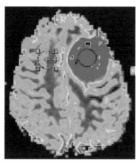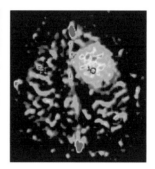

（a）结构图像　　　　　　　（b）外源性灌注图像　　　　　　（c）内源性灌注图像

图 4-12　左顶部脑膜瘤灌注图像

第六节　磁共振磁敏感加权成像技术

磁敏感加权成像(susceptibility weighted imaging,SWI)是基于不同组织间磁敏感性的差异,形成不同于传统 T1、T2 及质子密度的新型对比,它是反映组织磁化属性的对比度增强技术。在任何对于局部或内部磁化效应敏感的序列上,都可以应用这项技术,为了突显其表现细小静脉以及小出血的能力,通常使用高分辨率的 3D 梯度回波序列。

在 SWI 图像中,与动脉血以及正常组织相比,静脉血管表现为显著的低信号,由于层面厚度很薄,只有通过三维显示才能显示完整的静脉血管形状,但因为静脉血表现为黑色,因此选择的三维显示方式必须为最小强度投影(Min MIP)。

SWI 对出血或血液中的脱氧成分极其敏感,能够提供出血、动静脉畸形、铁沉积的确切信息以实现更快更准确的诊断。非常小的病变也可以迅速地被确诊。可显示深部白质和皮层引流静脉;对于静脉血管畸形,SWI 对脱氧血红蛋白的敏感可以清晰地显示毛细血管扩张、海绵状血管瘤以及静脉瘤等(图 4-13);较传统方法对梗塞伴出血的检出以及局部微循环的改变更为敏感,能够更好地评估中风的进展和预后,制定切实有效的治疗方法;SWI 对于脑出血可显示出血成分及引流静脉明显优于常规 T2WI TSE;对于脑外伤,SWI 可显示细小出血灶,白质剪切伤和弥漫性损伤,为硬膜下和蛛网膜下腔出血提供更多信息;可确认肿瘤内可能存在的微小出血和肿瘤血管行为,更好地明确肿瘤的生长状态,显示胶质瘤内出血成分及静脉,有助于评估肿瘤血供;对于神经退行性疾病,SWI 对矿物化和铁沉积非常敏感,有助于早期检出 Alzheimer's 病和地中海贫血患者灰质中铁沉积的存在。迄今为止,MRI 应用 T2* 加权像来显示出血,但是新的经验表明,SWI 的敏感性显著高于 T2* 和其他成像方法,实际上,SWI 对出血和血管畸形的高度敏感性打开了 MRI 诊断轻微出血和小血管畸形的大门。

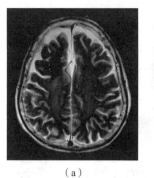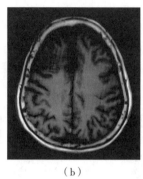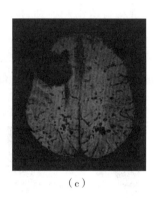

(a)　　　　　　　　(b)　　　　　　　　(c)

图 4-13　右侧额叶海绵状血管瘤

(a) T2WI 呈稍高信号,周边见低信号环;(b) T1WI 呈等低信号,其内可见斑点状高信号及低信号;(c) SWI 图像,SWI 呈明显低信号,并可显示更多微小病灶

第七节　磁共振脑功能成像技术

一、脑功能成像概念

磁共振脑功能成像(functional MRI, fMRI)是一种新的无创性脑功能检查方法,其优势在于除了可观察脑功能活动区域,还可提供精确的解剖和病理学信息。fMRI 是用 MRI 使接受外部刺激或执行特殊任务期间大脑皮质区域的兴奋影像化,脑功能区被激活时局部的血流量增加,氧饱和度发生变化;氧合血红蛋白和脱氧血红蛋白之间比例发生改变,磁化率增大,使兴奋组织比不兴奋组织的 T2 长,在重度 T2 加权像上兴奋区的信号相对升高。超高场强磁共振对局部磁化率的变化最敏感,超高速成像如 EPI 等可观察较大范围的功能区,而且能观察局部脑血流灌注。目前高场强(>1.5 T)医用 MRI 系统都可进行 fMRI 的研究。

二、脑功能成像原理

血液中的脱氧血红蛋白具有顺磁性,它可影响血管附近磁场的均匀性,缩短组织的 T2 或 T2* 值,血液中的脱氧血红蛋白增多将导致相应组织在 T2WI 或 T2* WI 上信号强度降低;氧合血红蛋白则具有轻度反磁性,可延长组织的 T2 或 T2* 值,血液中的氧合血红蛋白增多将导致相应组织在 T2WI 或 T2* WI 上信号强度增高。在其他因素不变的前提下,T2WI 或 T2* WI 上组织的信号强度取决于其血液中氧合血红蛋白和脱氧血红蛋白的比例,比例越高,则组织的信号强度越高,这就是 BOLD 效应。BOLD 成像是将血液中内源性血红蛋白作为一种对比剂,由相应的 MRI 对磁场不均匀敏感序列探测其在脑活动时的变化。静息状态下,脑血流中氧合血红蛋白与脱氧血红蛋白比例呈稳定状态,信号强度不变。当大脑某区域被激活时,该区域脑组织的耗氧量增多,脱氧血红蛋白随之增多,但相应区域脑组织内的血流灌注量也同时增多,带来更多的氧合血红蛋白,最后导致氧合血红蛋白与脱氧血红蛋白比例增高,从而导致 T2WI 或 T2* WI 上相应区域脑组织的信号强度增高。通过比较执行某个刺激任务前后脑组织的信号强度的变化,从而获得 BOLD 对比,这就是基于 BOLD 效应 fMRI 的技术原理(图 4-14)。

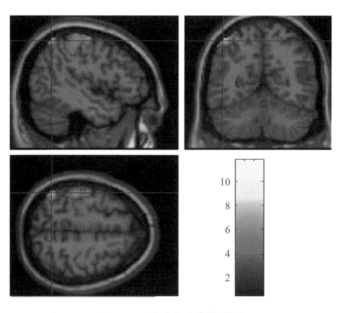

图 4-14　脑功能成像激活图

BOLD 技术的优缺点:这项技术完全是无创的;BOLD 的噪声较小;由于 BOLD 技术只要求梯度回波的 TE 在 30 ms～40 ms,所以技术上很容易实现;很容易实现覆盖全脑的平面回波成像(echo planar imaging,EPI)。以上所有只要求 TR 时间足够长,可以满足覆盖全脑的扫描。当然 BOLD 技术也有很多缺点:BOLD 信号的生理学机制是十分复杂的,包括灌注、血容量改变之间的相互作用以及血管构型的不均匀性和在时间和空间上的神经-血管偶联机制,这些问题对 BOLD 信号的定位、强度、线性及动态性的解释都有一定影响;与灌注和血容量测量不同,BOLD 中 T2* 和 T2 的时间是由周围组织类型决定,故没有基态的血氧水平信息;磁敏感效应同样可以在 BOLD 效应中造成伪影。这些伪影包括组织交界处和颅底的信号丢失,这些信号丢失在高场磁共振系统尤为明显。

三、BOLD fMRI 的硬件要求

1. MRI 扫描仪

最好是科研专用机,国内仅有少数科研院所拥有这样的科研专用机,大多数研究者使用的是医院内临床-科研共用机。

2. 功能刺激-反应系统

这套系统包括计算机、实验软件及程序、刺激呈现设备(如投影仪)及受试者反应采集设

备。对于某些认知功能实验,需要给予某些刺激,如听觉刺激和视觉刺激。

四、BOLD fMRI 的图像扫描及质量控制

图像采集过程包括:①定位像扫描。扫描的方向主要有轴位、矢状位、冠状位。②结构像扫描:根据定位像确定结构像的扫描位置,层厚通常 3 mm～5 mm,用于排除脑部疾病。③3D-结构像扫描:常采用三维扰相 GRE T1WI 序列来扫描上百个层面,厚度 1 mm。④功能图像扫描:通常采用单次激发 GRE-EPI T2* WI 序列,其扫描时间要与实验任务的时间长度相同。

由于 BOLD-fMRI 信号变化幅度非常微弱,检测到的信号幅度非常小,在 BOLD-fMRI 检查过程中,由于被试者的头动、心跳、呼吸、数据采集方式以及 MRI 设备系统的噪声等因素直接影响 BOLD-fMRI 结果的可靠性,因此对检查全过程及数据处理进行质量控制与管理是非常重要的。

BOLD-fMRI 所涉及的过程非常复杂,几分钟内采集到的几千幅图像需要用统计学方法进行复杂处理才能得到结果,为了使处理结果有意义,合理的实验设计不可或缺,同时还需要对影响其结果的相关因素进行质量控制与质量管理,保证数据的可靠性和结果的准确性。影响 BOLD-fMRI 的相关因素有:

(1) 受试者因素

在 BOLD-fMRI 成像过程中,受试者的头部常会出现轻微转动或移动,如心脏大血管搏动会传到头部使头部产生轻微的运动,呼吸运动也会对头动产生影响,吞咽或者咳嗽,或者刺激过程中不自主的头动等;1/10 像素大小的轻微运动会产生 1%～2% 的信号变化,与神经激活信号处于同一水平,高分辨率的图像对于头动更加敏感,而且头动往往与刺激任务同步,更容易造成伪激活,严重影响实验结果的可靠性,这些都是需要在试验中去除的因素。一方面,扫描前对受试者充分讲解试验过程,消除其紧张情绪,使其舒服地躺在磁共振设备检查床上,并用物理办法尽可能限制头动,如常用牙套、固定带、海绵软垫等。另一方面,SPM 软件提供了监测头运动情况,可以通过数据处理软件进行头动校正和图像配准,但这种功能是有限的,凡平移超过 1 mm,转动超过 1°,该时间点数据应予以废止,因为此时有些与刺激同步的头动容易产生强烈的伪激活,SPM 处理的结果是不可靠的。尽管使用软件的方法可以很大程度上纠正运动伪影,但是最根本的办法还是减少不必要的头动。

(2) 设备及环境因素

主磁场不均匀、梯度磁场非线性、数模转换不准造成基线漂移,以及长时间连续快速切换下系统的热稳定性情况均会影响 BOLD-fMRI 结果。成像系统本身的噪声和成像环境造成的噪声也会产生影响。磁场的均匀性对 BOLD-fMRI 结果影响明显,除了磁共振系统本身磁体的性能决定了均匀性高低,磁体孔腔内的硬币、发夹等铁磁性物质对主磁场有较大影响;受检者头部是否清洁,发胶、药膏等化学物质可能含铁,也会使磁场均匀性降低,使用过程中应特别注意检查。对于一项时间为 10 min 的 fMRI 扫描来说,就会产生 2 500 幅以上的图像,这就要求 MR 设备有着很好的信号稳定性,3 T 的设备上,一般要求信号峰值变异小于 1%。影响时间稳定性的因素有很多,包括扫描室周围环境、电源质量、屏蔽房性能、扫

描间和设备间的温湿度以及设备本身（特别是梯度系统）的稳定性等，这些因素从装机就应该考虑到。BOLD-fMRI 一般采用快速平面回波序列，此时梯度系统处于高性能快速切换的近乎极限状态，梯度系统的稳定性可靠性直接影响到图像的稳定性。

（3）其他因素

实验设计、扫描序列以及参数的选择等的优化可以提高试验的成功率。如在保证信噪比的前提下尽可能缩短时间，这样可以减少头动的几率，特别是对于结构像和解剖像，对于图像的信噪比要求不高，此时可以适当减少激励次数，缩短扫描时间。

总之，对于一项设计良好的 BOLD-fMRI 实验来说，要得到科学、可靠的研究结果，必须对其整个过程、各个环节进行质量控制和质量管理。从受试者扫描前准备开始到摆位、头动预防、脉冲序列合理设置、参数优化、受试者配合、数据的离线处理等均精心进行，加上良好的设备状态、稳定的扫描环境及规范的扫描技术，脑功能 BOLD-fMRI 的成功率才会大大提高，其结果才更科学可靠。

第八节　磁共振波谱技术

磁共振医学应用包括影像与生化代谢分析两个方面，虽然它们有类似的基本原理，但二者又存在重要差别。磁共振波谱分析（magnetic resonance spectroscopy，MRS）是目前临床唯一能对人体组织代谢、生化环境及化合物进行定量分析的无创技术，是一种非常有潜力的活体生化分析方法，其应用完全有可能使影像学医生对组织结构改变的观察与机体代谢功能的研究结合起来。从临床角度上，MRI 主要显示组织器官的影像改变，MRS 主要提供生化代谢信息。

依据化学位移和自旋耦合两种物理现象，短的射频脉冲激励原子核，采集自由感应衰减信号（free induction decay，FID），这种信号通过傅立叶转换，将信号转换成为按频率分布的函数（图 4-15）。这种以频率函数所表示的信号就是磁共振波谱。不同化合物中的相同原子，在 MRS 频率轴上不同位置形成不同代谢峰，其峰下面积代表共振质子的数量，反映不同化合物的浓度，并可定量分析（图 4-16）。

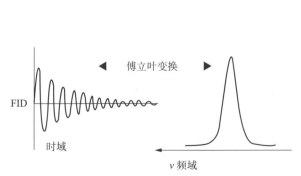

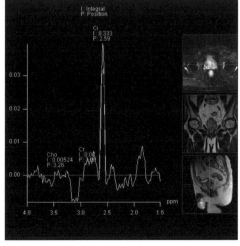

图 4-15　信号由时域转换到频域　　　　　图 4-16　前列腺 MRS

　　MRS 空间定位技术分为单体素（single-voxel，SV）和多体素（multi-voxel，MV）技术。SV 技术操作易，体素小，成像时间短，匀场效果好；主要缺陷是覆盖范围太小，对体素放置的位置要求高，不能同时比较病变对侧组织。MV 技术可进行三维多体素采集，覆盖范围大，同时获取多个体素的代谢信息，并显示病变组织及其对周围结构的侵犯情况，同时可做出伪彩图，因此较 SV 技术提供更多的代谢信息，具有更大临床应用价值（图 4-17）。

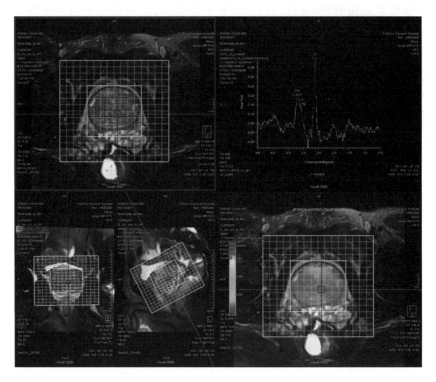

图 4-17　前列腺多体素 MRS 图像

　　化学位移产生的 MR 频率差异很小，它所产生的信息差异也很微弱，为了最大限度地利用这些微小差异，外磁场必须十分均匀。如果外磁场在均匀性上有一点改变，它所产生的局部共振频率差异将远远大于受检标本化学位移所产生的共振频率差，由此引起的 MRS 共振频率波峰很宽大，使得化学位移引起的微小波峰无法辨认。

　　MRS 技术要求短的射频脉冲激励原子核，然后采集信号，将所采集的信号通过傅立叶变换成波谱。对溶液中的化学成分来说，波谱由一系列比较狭窄的波峰组成，波峰的高度等于受检原子核数量，实验应缓慢重复（间隔期 TR 足够长），使两次激励之间磁化矢量能完全恢复。波谱的横轴坐标代表共振频率，由于 MRS 采用不同的磁共振场强，所以横坐标通常划成 ppm，代表与实验中采用的总共振频率相应的一小段频率。

　　每个波峰的尖度称为线宽，它受以下因素的影响：磁场的均匀性、受检标本本身对磁场均匀性的影响、横向弛豫时间（T2 值）。

　　一般 MRS 检出的信号比氢原子 MRI 所获得的信号要弱得多，因此，MRS 实验必须重复许多次，使叠加信号达到能检出的水平，并能克服噪声的干扰。进行 MRS 测量通常需要数分钟，它所获得的数据代表在此时间采集信息的叠加结果。

第五章 医用磁共振成像设备的基本操作

第一节 磁共振检查的扫描程序

一、检查前准备

（1）认真核对 MRI 检查申请单，了解病情，明确检查目的和要求。对检查目的要求不清的申请单，应与临床申请医师核准确认。

（2）确认病人没有禁忌症，并嘱咐病人认真阅读检查注意事项，按要求准备。凡体内装有金属置入物（如心脏起搏器、动脉瘤夹、电子耳蜗等）的患者，应严禁做此检查。

（3）进入扫描室前嘱咐患者及家属除去随身携带的任何金属物品（如手机、手表、刀具、硬币、磁卡、推床、轮椅等）并妥善保管，严禁将其带入检查室。

（4）给患者讲述检查过程，消除恐惧心理，争取检查时的合作。告知患者所需检查时间、扫描时机器会发出较大噪声，嘱咐患者在扫描过程中不得随意运动，按检查部位要求训练患者呼吸、闭气或平静呼吸，告知患者若有不适，可通过配备的通讯工具与工作人员联系。

（5）婴幼儿、烦躁不安及幽闭恐惧症患者，应给适量的镇静剂或麻醉药物（由麻醉师用药并陪同），提高检查成功率。

（6）急危重患者，必须做 MRI 检查时，应由临床医师陪同观察，所有抢救器械、药品必须齐备在检查室外就近。

二、录入患者信息

如患者的姓名、性别、年龄、ID 号、检查部位、患者体重等信息。

三、选择线圈

根据检查部位选用相应线圈。

四、摆位

根据检查部位正确摆置患者体位，根据检查部位仅需要放置好呼吸门控或心电门控装置，对好定位坐标线，移床至扫描 0 点。

五、开始扫描

根据部位要求选择相应序列开始扫描。

六、结束扫描

确认达到相应的检查要求后，结束扫描。

第二节　磁共振线圈的选择与安装

　　射频线圈是 MRI 系统的一个重要组成部分,所有的磁共振扫描检查都要借助线圈来完成。射频线圈根据结构及检查目的的不同可分为正交头部线圈,正交体部线圈,正交膝、踝关节线圈,头颈联合相控阵线圈,体部相控阵线圈,全脊柱相控阵线圈,表面柔软线圈,以及乳腺、直肠内、宫腔内专用线圈和双下肢阵列线圈等。一般来讲,正交线圈用于提供头颅、体部等较深度的磁共振信号,表面柔软线圈多用于局部的 MRI 检查,而相控阵线圈是由多个表面线圈共同组成,可提供相关部位更精细的 MRI 检查。MRI 图像质量的好坏除与磁体类型、强度、梯度系统、射频系统等硬件及成像、图像处理软件有关之外,射频线圈的选择与合理应用也至关重要。

一、多通道相控阵头部线圈

　　该线圈可提供比体线圈更高的信噪比(SNR),其结构多为笼式结构,利用其可进行等深度信号的采集,使用时将患者的头部放置于笼式结构的中央两边用棉织物固定以进行扫描检查。除主要用于头部 MRI 成像外,还可用于眼部、耳部病变的 MRI 检查(图 5-1)。

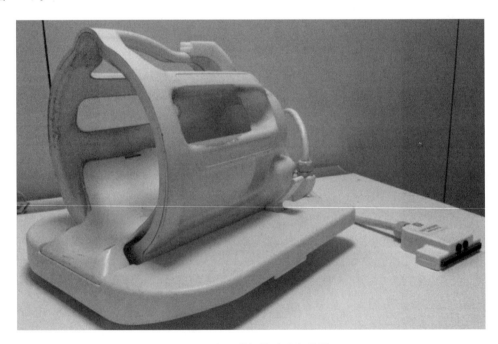

图 5-1　多通道相控阵头部线圈

二、头颈联合相控阵线圈

　　除适用于头颅、颈部软组织 MRI 检查外,还可用于鼻、鼻旁窦、鼻咽、口咽、喉部、口腔、颌面部病变 MRI 检查及头颈部血管的 MRA 检查(图 5-2)。

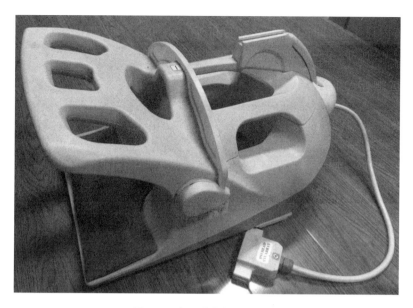

图 5-2　头颈联合相控阵线圈

三、全脊柱相控阵线圈

也是多个线圈的联合体,主要用于脊柱颈、胸、腰各段的 MRI 检查,能清晰显示脊柱各骨组织结构、椎管及其周围软组织的解剖结构(图 5-3)。

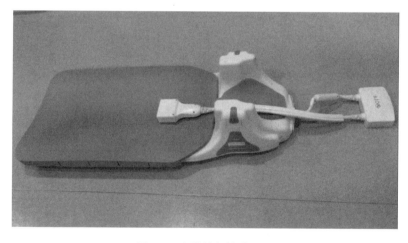

图 5-3　全脊柱相控阵线圈

四、多通道相控阵表面线圈

因各生产厂家的不同而形状各异,但都是由多个线圈组合而成,主要通过多线圈多通道采集 MRI 信号,从而提高图像的 SNR,进而提高体部 MRI 检查的图像质量。主要用于心脏、胸部、胃肠道、肝、胆、胰、脾、肾上腺、肾脏、膀胱、子宫及附件、前列腺、髋关节等部位病变的 MRI 检查(图 5-4)。

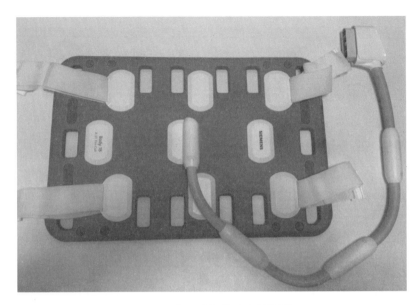

图 5-4　多通道相控阵表面线圈

五、乳腺专用多通道相控阵线圈

目前多数高场 MR 扫描仪配备乳腺专用线圈,为多通道相控阵线圈。患者俯卧位,乳腺自然悬垂于线圈的两个凹槽中,使乳腺处于自然状态(图 5-5)。

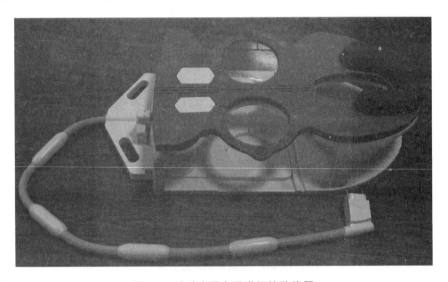

图 5-5　乳腺专用多通道相控阵线圈

六、表面柔软线圈

用于身体的有限区域的 MRI 成像,可利用结构上的特点,使线圈尽量贴近受检部位,提高图像质量。用于肩关节、肘关节、腕关节、膝关节、踝关节等部位的扫描,包绕病症所在部位进行扫描尽量贴近扫描部位(图 5-6)。

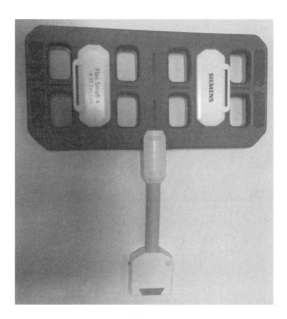

图 5-6　表面柔软线圈

总之,在实际工作中我们要根据检查部位的不同、病变范围的大小、检查目的的不同,合理正确地选择射频线圈,从而提高 MRI 检查的图像质量。

第三节　扫描序列和参数的设定

本节简单介绍扫描方位、相位编码方向、FOV、矩阵、层厚和层间距、2D 多层面模式及层面采集顺序这几个参数在不同公司的 MRI 设备上的设置。

一、扫描方位

MRI 的扫描方位是指断面的方向,扫描方位的正确选择对于充分显示病灶及其特征非常重要。CT 成像一般只能进行横断面的采集,MRI 则可以采用任意断面的扫描,显然更有利于病变的显示。首先介绍选择 MRI 方位的基本原则。

横断面扫描是大部分脏器最常用的扫描方位,但磁共振检查一般要求 2 个以上的扫描方位,方能显示 MRI 任意断面成像的优势。当病变位于脏器边缘部分时,层面方位应垂直于病变与脏器的接触界面,保证层面可以看到病变与相应脏器正常组织,不仅有利于两者解剖关系的确认,而且有助于分析病变的信号变化特征。如肾脏上下极的病变,横断面难以显示病变与肾脏的关系,采用冠状面或矢状面则可清楚显示病变与肾脏的关系,并有利于分析病变相对于肾脏实质的信号变化特性(图 5-7)。三维 MRCP 扫描时如果层面平行于左右肝管走行方向,则有利于肝门区胆管的显示(图 5-8)。要显示管腔内液体的流动效应,无论是流入增强效应还是流空效应,扫描层面应尽量垂直于液体流动的方向。如观察降主动脉的血液流动应采用横断面扫描,而观察锁骨下动脉水平段的血液流动应采用矢状面扫描。观察左右对称的结构,多采用横断面或冠状面。如果两个层面方位都能清楚显示病变,应选择采集时间更短的方位。

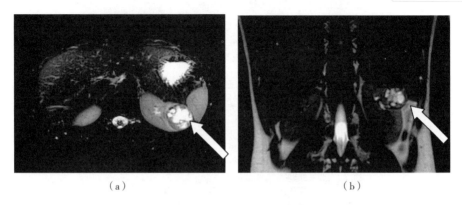

（a）　　　　　　　　　　　　　　　　　（b）

图 5-7　肾脏上、下极的病变宜加扫冠状面图像

（a）脂肪抑制 T2WI 横断面图像，示左肾上极不均匀高信号病灶；（b）为冠状面 T2WI 图像，示左肾上极病灶呈不均匀高信号

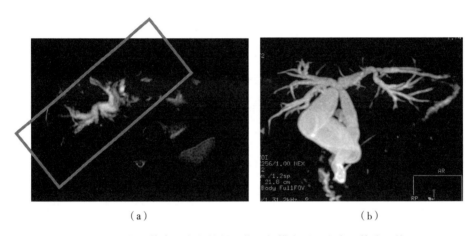

（a）　　　　　　　　　　　　　　　　　（b）

图 5-8　平行胆管走行方向的斜冠状面扫描有利于左右胆管分叉的显示

（a）在横断面图像上根据左右胆管的走向，使 MRCP 的扫描平面平行于此走向；（b）得到 MRCP 图像可清楚显示左右胆管在肝门的汇合处结构

二、相位编码方向

相位编码方向（phase encoding direction）的选择是 MRI 非常重要的技术，对于减少图像伪影和缩短图像采集时间至关重要。这里先简单介绍一下相位编码方向的调整方法（图 5-9）。以西门子公司 Skyra 3.0 T MRI 为例，相位编码方向在参数"phase enc. dir."（phase encoding direction）上进行选择。如横断面图像，如果左右方向为频率编码方向，则前后方向为相位编码方向。

二维 MRI 时选择相位编码方向的基本原则如下：

（1）一般情况下，选择断面上解剖径线较少卷褶伪影，还可以采用矩形 FOV 技术来缩短采集时间。如颅脑横断面成像选择左右方向为相位编码方向；体部横断面通常选择前后方向为相位编码方向。

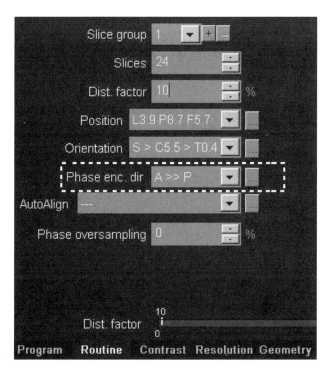

图 5-9　相位编码方向的调整界面

（2）在选择相位编码方向时，应充分考虑减少伪影对疾病诊断的影响。除化学位移伪影外，多数伪影特别是运动伪影多出现在相位编码方向上，选择相位编码方向时应该尽量避免伪影重叠在观察区域。如胸腰椎横断面扫描时，如果选择前后方向为相位编码方向，主动脉搏动伪影就容易重叠在脊髓上，影响观察，应该选择左右方向为相位编码方向。

（3）当根据解剖径线选择相位编码方向与伪影对图像的影响产生矛盾时，应优先选择减少伪影的方向为相位编码方向。如进行盆腔横断面扫描时，如果根据解剖径线，应该选择径线较短的前后方向为相位编码方向；但前下腹壁呼吸运动产生的伪影将可能降低图像的质量，应该选择左右方向为相位编码方向。

（4）在选择相位编码方向时还应该考虑受检脏器在不同方向上对空间分辨力的要求。因为 MRI 频率编码方向矩阵的增加不直接增加采集时间，而相位编码方向上点阵的增加将成比例的增加采集时间。而一个长条形的结构如马尾神经，在其长轴方向（上下方向）上对空间分辨力的要求较低，而短轴方向上（前后或左右方向）对空间分辨力的要求较高。为了保证图像上此类结构有足够的空间分辨力，应该选择长轴方向为相位编码方向，短轴方向为频率编码方向。

（5）在选择相位编码方向时应综合考虑上述几个方面的因素。以腰椎矢状面高分辨T2WI 为例，如果按照解剖径线，应选择前后方向为相位编码方向。但考虑到：①马尾神经及脊髓对前后方向空间分辨力的要求较高；②如果选择前后方向为相位编码方向，无论腹壁的运动伪影还是脑脊液的流动伪影都在前后方向上产生，重叠于马尾神经或脊髓下段。因此应该选择上下方向为相位编码方向，同时进行相位方向的过采样以去除卷褶伪影。

三、FOV 和矩形 FOV

视野(field of view,FOV)是指成像区域的实际大小,应该根据不同的个体、不同检查的部分、不同的层面方向及不同的检查目的而改变。矩形 FOV 可以节省采集时间,同时相位编码方向的 FOV 径线变小。在 FOV 和矩形 FOV 设置时,需要注意以下原则:

(1) 一般在 MRI 的定位图上根据检查需要来确定 FOV,原则上 FOV 应该略大于检查的目标区域,一般 FOV 的 4 边各超出检查目标区域 10 mm～20 mm 即可。

(2) 在体积较大解剖部位进行局部高分辨精细扫描时,应该选择较小的 FOV,而这时 FOV 以外就会有非目标的解剖结构,应该施加相应技术防止卷褶伪影。

(3) 采用矩形 FOV 时,应该同时把解剖径线较短的方向设置为相位编码方向。

(4) 在设置 FOV 时需要注意空间分辨力和信噪比的改变,在矩阵不变的前提下,FOV 越大,图像的信噪比越高,但空间分辨力越低。在临床检查时,应该根据图像的信噪比、空间分辨力要求,结合图像的采集矩阵来合理设置 FOV。

四、矩阵

MRI 的矩阵有采集矩阵和重建矩阵之分,图像重建时利用内插技术可使重建矩阵大于采集矩阵。这里要讨论的是采集矩阵的设置。所谓采集矩阵是指图像在频率编码和相位编码方向上需要采样的点阵,也即 K 空间需采集的相位编码线数目(相位编码方向的点阵)以及每条相位编码线的采样点数(频率编码方向的点阵)。在一般的序列中,相位编码方向的点阵总是小于或等于频率编码方向的点阵,如频率方向的点阵 256,则相位编码方向的点阵只能等于或小于 256。

在西门子公司的设备中,频率编码点阵被称为基础分辨力(base resolution),直接用数字表示;而相位编码方向的点阵被称为相位分辨力(phase resolution),用百分比来表示,意为 base resolution 的百分比(图 5-10)。

在调整采集矩阵的时候需要注意以下几点:①在 FOV 不变的情况下,矩阵越大空间分辨力越高。②矩阵越大,图像的信噪比越低。③相位编码方向矩阵越大,所需采集的回波数目越多,采集时间越长。④在其他参数不变的前提下,频率编码方向的矩阵增大,一般认为不直接增加采集时间。但实际上频率方向的矩阵增大,意味着每个回波的采样点增多,每个回波的采样时间就会延长,可造成短 TR 序列的最短 TR 延长或一个 TR 间期内允许采集的层数减少,为达到足够的层数则需要延长 TR,因此会间接延长采集时间。⑤图像层面的空间分辨力(像素的实际大小)是由 FOV 与矩阵双重因素决定的,因此在调整矩阵时,应该根据空间分辨力的具体要求,结合 FOV 来设置矩阵。如某个检查部位的空间分辨力要求是层面的像素径线小于 1 mm×1 mm,如采用 400 mm×400 mm 的 FOV,则需要用 512×512 的矩阵,而如果把 FOV 缩小到 250 mm×250 mm,则 256×256 的矩阵就完全可以达到要求(图 5-11)。⑥在设置矩阵时还需要考虑到场强的因素,因为场强会直接影响图像的信噪比。一般在低场的 MRI 中,多数序列的频率编码方向采样点阵为 256;而在 1.5 T 的高场机上,多数序列的频率编码方向的采样点阵多为 256～512。

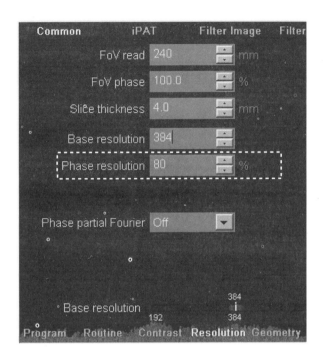

图 5-10　矩阵的调整

为西门子界面,在分辨力(resolution)卡中设置,"Base resolution"代表频率编码点阵,"Phase resolution"代表相位编码点阵,以频率编码的百分比来表示(虚线框)

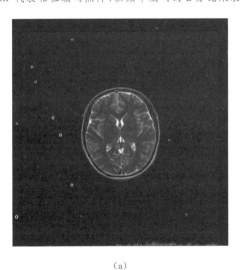

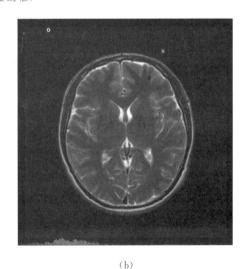

（a）　　　　　　　　　　　　　　　　　　　（b）

图 5-11　矩阵的合理设置

（a）FOV 为 400 mm×400 mm,矩阵为 512×512;（b）FOV 为 240 mm×240 mm,矩阵为 256×256,其层面内的空间分辨力基本同前,但采集时间明显缩短,如果采用矩形 FOV,采集时间可进一步缩短

五、层厚和层间距

层厚也是 MRI 非常重要的参数,与 MRI 质量及图像采集速度密切相关:①层厚越厚,

图像在层面方向上的空间分辨力越低;②层厚越厚,图像的信噪比越高;③层厚越厚,所需采集的层数越少,会相应缩短图像的采集时间。因此在设置层厚时应该注意以下几点:①与设备场强有关,低场机二维成像一般多采用 5 mm 以上的层厚;而高场机则多可采用小于 5 mm的层厚。②层厚设置与受检的脏器大小有关,一般大脏器如肝脏等采用相对较厚的层厚(1.5 T 时一般为 5 mm~6mm),而小器官如垂体则需采用薄层扫描(1.5 T 时一般为 3 mm 以下)。③层厚设置与病灶大小有关,一般要求层厚小于病灶直径50%,以便更好的反映病灶特征。④静止不动的脏器如骨关节、颅脑等常可采用较薄的层厚,而运动脏器如心脏和腹部脏器则多采用相对较厚的层厚。⑤如果二维图像采用薄层扫描信噪比太低时,可考虑采用三维采集模式,后者可大大提高图像的信噪比。

MRI 的层间距(slice gap)与 CT 的层间距(slice interval)的概念不同。CT 的层间距是指相邻两个层面的层中心间距,如层厚和层间距均为 10 mm,实际上是一层连着一层,层之间并无缝隙;而 MRI 的层间距是指相邻两层的缝隙宽度,如层厚与层间距都为 10 mm,是指相邻两层之间有 10 mm 的缝隙。西门子的设备上,层厚直接填入数值,而层间距被称为距离因子(distance factor),用层厚的百分数来显示(图 5-12)。利用三维采集模式,则没有层间距;二维采集模式时,为了避免层间干扰常需要有一定的层间距。层间距增加,则:①层间干扰减少;②所需的层数可减少,从而可以缩短采集时间;③图像在层面方向的空间分辨力降低,层间距较大时可遗漏小的病灶。一般情况下,二维采集的层间距为 1 mm~2 mm。而在新型的 MRI 仪上由于脉冲准确性和梯度精度的提高,层间干扰已经有明显减轻,可采用小于 1 mm 的层间距。

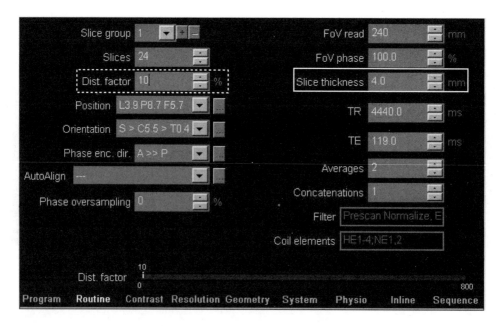

图 5-12　层厚与层间距的设置

为西门子界面,在参数调整界面卡中的"Slice thickness"中填写层厚数值(实线框);在"Dist. factor"填写层间距,用%表示,意为层厚的百分比(虚线框)。如图中层厚为 4 mm,层间距为层厚的10%,即为 0.4 mm

六、2D多层面模式及层面采集顺序

在进行2D多层采集时,操作者需要对多层面模式及层面采集顺序进行设置,不同的公司的设备上,相关参数所用的界面和方法也不尽相同。

西门子公司的设备上,在参数调整界面的"几何(Geometry)"卡中有两个相关参数设置:一个是多层模式(Multi-slice mode),其中有3个选项,分别为循序(Sequential)、间隔(Interleaved)和单次激发(Single shot)[图5-13(a)]。这里的"循序"是指一层层的扫描,即多次激发采集,直到采集完一个层面的K空间信息后再扫描下一个层面,这种采集模式主要用于TR和TE很短的序列;"间隔"是指在一个TR间期内先采集各层面的第一条(或第一部分)相位编码线,然后再下一个TR间期采集各层面的第二条(或第二部分)相位编码线,直到所有信息采集完毕,这种采集模式主要用于TR较长的序列,有助于缩短采集时间;"单次激发"仅限于一些超快速序列如HASTE、Turbo FLASH、EPI等,是指一次激发后采集了全层的K空间信息,然后激发采集下一层信息。另一个参数是采集顺序(Series),常有3个选项,即升序(Ascending)、降序(Descending)和间隔(Interleaved)[图5-13(b)]。假设需要采集的层数是10层,"升序"是指层面采集的顺序为从1、2、3直到10;"降序"的采集顺序为10、9、8直到1;而"间隔"是指采集顺序为1、3、5、7、9、2、4、6、8、10,"间隔"的顺序有助于减轻层间干扰(cross talk),但层与层之间的图像变形将有差别,不利于MPR,而且当采用脂肪抑制技术时容易发生脂肪抑制效果一层好一层不好的现象。

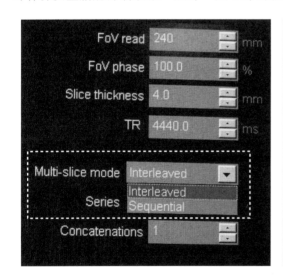

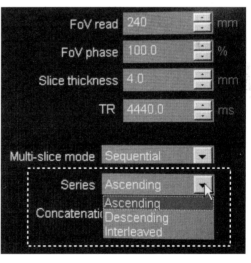

(a) (b)

图5-13 西门子设备的2D多层采集模式及采集顺序的设置

(a)示多层采集模式(Multi-slice mode)在参数调整界面的几何(Geometry)卡中选择,有"Interleaved"和"Sequential"两个选项(虚线框);(b)示层面采集顺序(Series)也在参数调整界面的几何(Geometry)卡中选择,有"Ascending""Descending"和"Interleaved"三个选项(虚线框)

第六章　磁共振成像的生物效应及安全性

MRI 使用较强的静磁场、射频脉冲及梯度场共同作用,获得人体氢质子的信息。从 40 多年的临床应用结果来看,MRI 对受检者和检查者都是安全的。但是由于 MRI 检查技术的特殊性,MRI 磁场强度的不断升高以及 MRI 新技术的不断涌现,MRI 的生物效应和安全问题仍不容忽视。为了保证患者安全,在 MRI 检查前对患者进行细致的筛查以及检查过程中对患者进行必要的监测都是至关重要的。

第一节　生物效应

MRI 的生物效应主要包括静磁场的生物效应、梯度磁场的生物效应、射频脉冲的生物效应。有关 MRI 生物效应的研究很多,但尚未证实 MR 检查对人体具有潜在的危险性。

一、静磁场的生物效应

静磁场是 MRI 系统的重要组成部分。在 MRI 中,需应用强静态磁场对准被检查组织的原子核自旋。该强磁场可影响各组织及磁体附近的所有其他可磁化的物质。

FDA 规定用于临床 MRI 系统的最高场强为 3.0 T。目前使用的静磁场强度为 0.15 T～3.0 T,相当于 1 500 G～30 000 G,而地磁场大约 0.3 G～0.7 G,因此,用于 MRI 的静磁场大约是地磁场的 3 000～60 000 倍,如此大的磁场对人体健康的影响早已引起人们的注意。当人体进入 0.3 T 以上的磁场后,心电图会发生变化,如 T 波幅度增加,小尖头波的出现等,这是由于磁流体力学效应。磁流体力学效应是指静磁场对人体血流及其他流动液体产生的效应,表现为血沉加快、心电图改变等。脱氧血红蛋白的顺磁性有可能使强磁场中的红细胞出现一定程度的沉积,但是人们在血液循环正常者身上观察不到这种现象,这是因为血液的流动可以完全阻止红细胞的沉降。磁流体力学效应所致的心电图改变主要表现为 T 波幅度加大,但不会引起其他心脏功能或循环系统功能的异常,并且当患者离开 MR 检查室后,其心电图上所出现的异常改变也会消失,因此一般认为没有生物学危险。

另外静磁场能使体温升高、下降,还是对体温根本没有影响,多年来文献报道一直存在不同的观点。1989 年 G.S. 富兰克采用先进的荧光温度计对处于 1.5 T 场强中的人体进行了精确的测量研究,最终证实静磁场对人体皮肤及组织器官的温度不会造成影响。

中枢神经系统效应:由于神经的传递是一种电活动,因此从理论上讲,磁场有可能影响神经的传导活动。有关中枢神经系统效应方面的研究较少,且研究结果也不尽相同,这有待于今后的深入研究。现在国际上公认 3.0 T 以下的静磁场对于人体中枢神经系统没有显著的不良影响。

在磁共振断层成像中,进行的许多检查都可决定静态磁场的生物学效应,该效应包括:头晕、反胃及金属味觉。这些影响中的大多数仅出现在 3.0 T 以上的场强中,且都是短期效应,即仅在处于磁场时出现或在刚离开磁场后出现。到目前为止,未观察到有生物学的长期效应出现。

目前并无 MRI 静磁场对人体造成损伤的可靠依据。有些长期处于静磁场环境中的工作人员可出现头晕、头痛、胸闷、乏力、食欲缺乏等症状,但这是否与静磁场直接相关目前还缺乏依据。目前文献报道显示静磁场对人体影响甚微。总之,目前认为患者处于场强 3.0 T 以下的静磁场内作短时间的暴露是安全的,不会引起不可逆性的损伤。

二、梯度磁场的生物效应

除了静态磁场外,在磁共振检查中也应用时变磁场(梯度磁场)。该磁场在导体内可产生电压和电流,其所产生的电流非常小,通常不会成为危险源,如对心脏。

人体组织作为一个导体,在 MRI 检查过程中,反复切换的梯度场可以在人体组织中产生诱导电流,这样的诱导电流会引起一些生理甚至病理反应,如光幻觉、皮肤过敏、肌肉抽搐等。诱导电流的生物效应包括热效应和非热效应。在 MRI 检查过程中梯度场切换所引起的热效应非常轻微,因此对人体的影响可以忽略。而非热效应可能引起神经或肌细胞的刺激,严重者可影响心电,偶可诱发癫痫等,但诱发这些反应所需的电流要比常规 MRI 检查时所测到的电流高出许多。非热效应最常见的表现是在梯度性能较高的扫描机上进行 EPI 扫描时出现的周围神经或肌肉的刺激,受检者可能出现肢体发麻、肌肉不随意的收缩或跳动等现象,癫痫患者甚至会诱发癫痫。

在特定的上升时间和梯度场振幅阈值下,可产生足够大的诱导电压并引发周围神经刺激,这种无意识的肌纤维缩短不会对病人的健康造成损害,但可能会让病人感觉不舒服。根据磁共振系统 IEC 60601-2-33 安全标准的规定,最大磁场改变代表了切换时间的功能状况,在快速采集序列(如切换时间为 400 μs 时)中,可达到 40 T/s 大小。正常情况下,现今所使用的图像采集方法所获得的数值不会超过这些阈值,唯一可能超过该阈值的刺激效应是在 EPI 中进行超快速梯度切换时,处于安全的目的,需要对梯度脉冲进行限定。

由于梯度场对人体具有潜在的危险性,美国食品和药物管理局(the U. S. food and drug administration,FDA)为此发布了相关的安全标准,其基本内容如下:在 MRI 检查过程中患者所经受的梯度场变化率必须小于外周神经出现误刺激的阈值,且至少应具有 3 倍以上的安全系数。具体标准为:①最大梯度场变化率 $(dB/dt)_{max}$ 应在 6 T/s 以下;②对于轴向梯度(G_z 梯度),设矩形梯度脉冲的波宽或正弦梯度脉冲的半波宽为 r,则 $r \geqslant 120$ μs 时,dB/dt 必须小于 20 T/s;当 12 μs$<r<$120 μs 时,dB/dt 必须小于 $(2\ 400/r)$ T/s;当 $r \leqslant 12$ μs 时,dB/dt 应小于 200 T/s。③对于横向梯度(G_x,G_y),dB/dt 应小于轴向梯度上限的 3 倍。由此我们可以看出,r 越大,允许的最大梯度场变化率就越小。

常规的 MRI 检查一般不会超过上述标准。不过目前各厂家都推出了高性能的梯度系统,在 1.5 T 的 MR 扫描机上,高性能的梯度线圈的最大场强已达 40 mT/m～60 mT/m,切换率已达 150 mT/(m·ms)～200 mT/(m·ms)以上。因此,梯度场所引起的生物效应不容忽视。周围神经刺激的 dB/dt 阈值一般在 60 T/s,而一般厂家设置的 dB/dt 工作值都在

45 T/s 以下,所以一般不会出现周围神经刺激症状,也不会造成人体损伤。

三、射频脉冲的生物效应

MRI 需要利用射频脉冲对质子进行激励。射频辐射量一般用特殊吸收率(specific absorption rate,SAR)来表示。SAR 是指单位质量组织中 RF 功率的吸收量,单位为 W/kg。美国国家标准协会(the American national standards institute,ANSI)和 FDA 推荐全身平均 SAR 值应该在 0.4 W/kg 以下。SAR 值的大小与静磁场强度、射频功率、射频的持续时间、射频的时间间隔、发射线圈类型和受检者体重及受检部位等有关。

应用在磁共振中的电磁射频场处于无线电波的频率范围内,射频电磁波会使导电组织产生电流并对组织中的分子产生刺激,出现振动,导致组织升温,通常温度的升高不会超过 1 ℃。SAR 是在每单位时间、每单位质量时所吸收的射频输出量。出于安全的原因,需要监控系统释放到人体中的射频功率,并相应地限制各个 SAR 值。IEC 规定的限制值为 4 W/kg(全身),最高可达到 8 W/kg(空间高峰值)。若接收射频脉冲信号的线圈与发射器产生了共振,则可增加线圈附近射频场的强度,但该场强的增强发生在眼睛附近时则需要特别注意。为了消除该影响,系统需要在发射过程中减低接收线圈的震波。射频场可能诱导金属植入物、或病人附近的电缆(如 ECG 电缆)中产生 AC 电流,可能导致局部升温。

射频电磁波照射对人体产生的影响主要是组织对射频电磁波吸收而产生的温度效应。即人体组织吸收射频的能量可导致组织温度升高。体温升高的程度与射频脉冲的持续时间、能量沉积速率、环境的温度及湿度及患者体温调节系统的状态等有关。像睾丸和眼睛这样散热功能不佳的器官,是最容易受到射频辐射损伤的部位。这些损伤包括:生精减少、精子活力下降、白内障等。但实验研究表明目前临床用 MRI 在检查过程中所引起的体温升高明显低于造成睾丸和眼睛损伤的温度阈值。

射频所产生的热量与其频率有关,频率越高,产生的热量越大,因此在 3.0 T 等超高场强的 MRI 仪上,SAR 值问题将更为突出(SAR 值与场强的平方成正比)。而在 1.5 T 以下的 MRI 仪上,SAR 值一般并不严重。在不同的序列中,长 ETL 的 FSE 及单次激发 FSE 序列的 SAR 问题将更为突出,因为这类序列需要利用连续的 180°脉冲进行激发。射频脉冲引起的热效应还与组织深度有关,体表组织如皮肤产热最为明显,而成像中心部位的深部组织几乎不产热。

实际上人体组织不断向周围散热,而且射频脉冲产热非常微弱,一般不会对人体健康产生危害。目前随着快速及超快速成像序列的出现,单位时间内发射的射频脉冲增加,SAR 值也不断提高,对热非常敏感且血供较差的组织,如眼球、睾丸等,SAR 最好不超过 3.1 W/kg。

降低 SAR 值的方法主要有:①缩短 ETL;②延长 TR;③延长回波间隙(ES);④减少扫描层数;⑤利用 GRE 或 EPI 序列替代 FSE 或单次激发 FSE;⑥修改射频脉冲,使之能量减低。

第二节　磁共振成像的安全性及其注意事项

尽管 MRI 检查对患者及 MRI 工作人员是安全可靠的,MRI 检查的安全问题仍不容忽视,只有熟悉 MRI 相关的注意事项,并在检查中认真贯彻,才能更好更安全地使用 MRI,使之发挥最大的功能。

一、铁磁性物质

铁磁性物质被强度很高的主磁场吸引,以一定速度向磁体抛射,这种现象成为抛射效应(projectile effect)。受到铁磁性抛射效应作用的物质称为铁磁性抛射物(projectiles)。典型的铁磁性物质常含有铁成分,但是含有镍或钴元素的物质往往也具有较强的铁磁性。它可从远处,甚至毫无准备的人手中快速飞向磁体,从而引起人员伤害或设备损坏。磁场场强不同,铁磁性物体飞向磁体的加速度也不相同。

可磁化材料(如铁),可被磁共振的磁体所产生的磁场吸引,这会对病人或者操作人员造成潜在的危险。这种吸引可产生强大的磁力,可能吸引更大的铁块,磁块越靠近磁体,受到磁力的吸引就越强(图 6-1)。所产生的磁力与存在的可能磁化物质的多少成比例。病人体内的金属物质同样也是危险源。如金属的裂片、夹子、螺丝钉或者注射针头则可能会由于磁力的吸引而在身体内移动。

强磁场对铁磁性物质的吸引力非常大,因此,铁磁性的物质尽量避免带入磁体间,如:镊子、听诊器、别针、剪刀、指甲刀、钥匙、硬币、手表、打火机、手机、助听器、金属饰品、发卡、担架、轮椅、吸尘器、止血钳及氧气瓶等,这些物体有可能被磁场吸引,对患者和操作者造成严重的甚至致命的人身伤害,也可能造成系统故障。

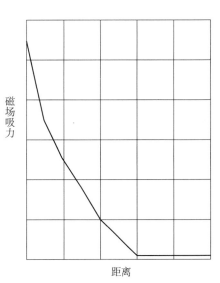

图 6-1 磁场吸力与距离关系

根据物质在 1.5 T 磁体附近受到的磁力可将临床上常用的金属器械分为弱磁性(包括非磁性)、中等磁性和强磁性三类,但是物体磁性的强弱不能完全预示其可能造成的损害程度。如一把磁力不大但很锋利的手术刀因抛射效应产生的危害可能远远大于其他磁力较大的物体。

铁磁性物质的抛射效应一直是 MRI 检查时最重要的安全问题之一。这些物件造成磁体室内人员及设备损伤的情况均有报道,因此 MRI 检查室应采取一定的防范措施,严禁上述物品带入磁体室。患者、家属及医务人员进入磁体室前应将所有铁磁性物质去除。另外特别需要指出的是,某些标注有不锈钢字样的物件不一定就是由非铁磁性的不锈钢制成。

应用磁共振系统,可能不能确保磁体附近的机械设备和电子组件的功能正常。如钟表、呼吸设备、显示器和其他设备的功能可能会受到磁性边缘场的影响,磁体附近的信用卡上的编码可能被删除。

表 6-1 显示了边缘磁场对于磁体附近设备的影响,以及所要求的安全距离。注意与磁体的 X、Y 和 Z 轴中心之间需要保持的最小距离。

表 6-1　某公司 3.0 T MRI 边缘磁场对于磁体附近设备的影响以及所要求的安全距离

磁通量密度	最小距离 (X,Y 径向，Z 轴向)	示例：受影响的设备
3 mT	$X=2.1$ m $Z=3.2$ m	小马达、手表、照相机、信用卡、磁性介质
1 mT	$X=2.3$ m $Z=4.0$ m	示波器、计算机、磁盘驱动器和有防护罩的彩色显示器
0.5 mT	$X=2.6$ m $Z=4.6$ m	黑白显示器、磁性介质、心脏起搏器和胰岛素泵
0.2 mT	$X=3.1$ m $Z=5.7$ m	西门子 CT 系统
0.1 mT	$X=3.9$ m $Z=6.8$ m	西门子直线加速器
0.05 mT	$X=4.9$ m $Z=8.2$ m	伽玛照相机、第三方直线加速器

二、体内置入物

体内置入物(implants and devices)是指通过各种方式置入人体内并长期留于体内的异物。随着生物工程和临床医学的发展，体内置入物的应用越来越广泛。常见的体内置入物包括：动脉夹、人工血管、静脉滤器、心脏起搏器、人工瓣膜、人工耳蜗、置入性药物泵、避孕环、人工关节等。

一般来讲，体内具有铁磁性置入物的患者是不适合接受 MRI 检查的。这是因为 MR 系统对体内置入物可能造成以下几方面的影响：①体内置入物受磁场作用位置发生变化；②电子置入物因射频场的干扰而发生功能紊乱甚至失灵；③扫描过程中梯度的感应电流可使置入物发热。这些情况可能给患者造成严重伤害，如脑出血、组织拉伤或灼伤等。带金属、电、磁或机械移植物的患者不能进入或接近磁体间，磁共振设备产生的磁场和电磁场会对这些设备产生强大的作用力，干扰它们的正常运行，如强磁场会影响心脏起搏器正常工作，可能引起起搏器的移位、起搏器开关的损坏、电子设定程序的改变、起搏节律的变化、电线的移位和电线异常电流引发室颤、局部烧伤等，这些都可能导致病人生命危险；电子耳蜗内有强磁性钴钐化合物，并在患者头颅内植入 RF 线圈，因此是 MRI 检查绝对禁忌；强磁场还会引起手术植入的金属夹移位，产生组织损伤或由于血管夹脱落所导致的出血，有时可能威胁患者生命；人工瓣膜、支架和假肢等的患者均不能进入强磁场中，以免发生危险。

目前许多人工置入物是利用非磁性不锈钢或钛合金材料制成的，可以进行 MRI 检查。但是如果非铁磁性置入物为金属质地，则也可能会使图像产生严重的金属伪影。

对于弱磁性置入物(如某些支架、螺旋圈、滤器、房室间隔缺损闭塞物、动脉导管未闭闭塞物等)，患者有必要在置入术后 6 周～8 周再进行 MR 检查。因为某些弱磁性置入物在术后 6 周～8 周会被肉芽或瘢痕组织包绕，牢固地嵌入周围组织中，使置入物不至于在 MR 环境中发生危险。对于牢固固定的弱铁磁性置入物（如骨螺丝），可在置入术后不久就进行MR 检查。有关置入物术后 MR 检查的推荐时间一般可以在其标签或说明书中找到。

F. G. Shellock 等人归纳研究了 338 种常用置入物的磁性，结果发现约有 1/3 的体内置入物会在静磁场中发生移位或偏斜［详见 Radiology，1993(189)：587-599］。因此，有专家建议，为了保证患者在 MRI 检查时的安全，厂家应在置入产品上详细注明其是否具有 MRI 兼容性。如对于置入物和组织的结合程度或置入物的类型缺乏了解，则不可贸然让患者进行MRI 检查，以免造成严重后果。

另外值得一提的是，以前有关体内置入物安全方面的研究主要是针对 1.5 T 或更低场强的磁共振系统，最近的研究显示一些金属置入物在 1.5 T 磁体内为弱磁性，而在 3.0 T 磁体内则可能表现为强磁性。因此，在决定为体内带有这些置入物的患者做 3.0 T 磁共振检查之前，有必要对置入物进行体外试验以确定其是否具有潜在的危险性。由于缺乏某些金属置入物的安全资料，目前很多医疗机构不在3.0 T 磁体上对上述患者进行常规检查。

磁共振检查的典型禁忌包括电子植入物，例如：起搏器、刺激器、胰岛素泵、人工心脏瓣膜、动脉瘤夹、眼睛内的金属异物（可能会引起视网膜剥离）、带有磁性封口的人工肛门（肛门假体）、导电性植入物和假体、金属避孕环、用于身体穿孔和磁穿孔的经皮植入物或其他类似植入物。

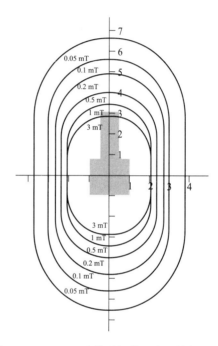

图 6-2　1.5T MR 边缘磁场的强度及其空间分布

另外，根据国家和国际上的推荐及条例的规定，起搏器使用的安全/绝对范围是场强为 0.5 mT 的地带（图 6-2）。

三、MRI 噪声

由于梯度线圈中电流的变化，在主磁场的作用下，梯度线圈内产生与磁场相反的感生电流，梯度线圈中快速变化的电流产生的洛伦兹力(Lorentz force)使梯度线圈发生移动或颤动撞击托架，使后者产生弯曲和振动，梯度脉冲的快速通断使磁体孔洞中产生很大的噪声。噪声的强度与梯度场的强度及其切换速度、所用的序列及成像参数有关。如：减少层厚，缩小感兴趣区，缩短重复时间和回波时间均会增大噪声。

噪声不仅影响医患之间的交流，而且还可能对患者造成伤害，如暂时性听力下降，恐惧心理加剧等。美国 FDA 颁布的新的 MR 系统噪声水平标准要求：声压水平——峰值非加权声压水平大于 140 dB，A 权 RMS(root mean square)声压水平大于 99 dB 时需要进行听力保护。目前临床用 MRI 检查引起的噪声一般在 65 dB～95 dB，个别序列如 EPI 等可能超过100 dB，应该在安全范围之内。

IEC 规定对于 30 分钟的扫描,系统噪声必须低于 112 dB(A),在 30 分钟的扫描时间中,考虑只有 50% 暴露在噪声中,在噪声高于 99 dB(A)时,对患者必须进行听力保护,且峰值声压不能超过 140 dB。操作者在检查室内持续 2 小时暴露于噪声下必须低于 100 dB(A),操作人员在操作室内每天工作 8 小时所暴露的噪声必须低于 90 dB(A)。

尽管如此,不少患者还是无法忍受这种噪声。目前对噪声的控制主要包括以下两个方面:

(1)被动噪声控制。最简单最经济的方法就是佩戴耳塞或使用 MRI 专用耳罩。如果使用得当,耳塞能将噪声减少 10 dB~30 dB。因此,所有进行 MR 检查的患者均应佩戴这些保护装置,从而预防与 MR 有关的暂时性听力丧失。不过被动噪声控制也存在一定的局限性,例如戴上这些装置可能会造成医患之间的语言交流障碍。而更重要的是,这些装置对不同频率噪声的降噪程度并不相同,即对高频噪声减弱程度大,而对低频噪声减弱程度小,而低频噪声恰恰又是 MR 系统产生的最强噪声。

(2)主动噪声控制。这是通过主动应用噪声消除技术或抗噪技术来显著减弱噪声的方法。过去通过引入抗相位噪声来干扰噪声源,现在随着数字信号处理技术的发展,出现了性能更为优良的抗噪声系统,它有一个持续存在的反馈环,能够不断地对噪声环境中的声音进行采样,使梯度场源性噪声减弱。这使 MRI 检查过程中医患之间的语言交流成为可能。目前,这种优良的抗噪系统市场有售,且价格适中。

需要指出的是,由于 MR 扫描时减少噪声和快速获得高质量图像之间存在一定程度的冲突,因此有时必须作出妥协。延长梯度切换时间,降低脉冲幅度可能使扫描序列的性能下降。

四、对射频场的注意事项

行 MRI 检查时,高 SAR 扫描中的患者必须穿轻衣服(如薄的睡衣和 T 恤),不要穿湿的或汗湿的衣物,且将所有的附加的隔温物品拿掉(如毛毯等可能阻碍患者散热,必须取掉),空间充足流通将减缓患者核心温度的升高,检查室内要有良好的通风设施。定位病人时应始终注意使病人的手臂和躯干平行,且手、臂和腿不互相接触(图 6-3)。如果病人身体的各部分发生接触,可能生成危险的电流环路。这些环路可能导致烧伤或增加发生刺激的可能性。对于有纹身和面部化妆的患者应注意,由于射频与导电金属相互作用会导致局部过热,如化妆材料中还有铁磁颗粒,会渗入眼周围的组织中;面部化妆材料也会产生热效应,为防止伤害,建议病人在检查之前卸妆;患者必须脱掉带金属丝或金属部件的衣物,如胸罩、金属贴花或编织金属纱线等;取掉所有的金属物如手表、硬币、手机、眼镜、项链、戒指、耳钉及珠宝等。有些医用膏药因吸收了射频能量可能会灼伤皮肤,因此,患者身上的膏药在检查前应全部去掉。对服用镇静剂、昏迷或身体的某些部位丧失知觉的患者要特别注意,比如重症病人、偏瘫病人、意识丧失的病人,无法表达可能出现的热效应,最好不要进行检查。

对于工作人员来讲,与工作人员有关的是暴露在磁场之下的相关的射频功率分布,如图 6-4 所示。根据 IEC 60601-2-33 标准的要求显示沿 MAGNETOM Skyra 病人轴方向的射频功率分布,对于站在系统孔腔之前的人员,其吸收的射频功率最多为位于磁体腔中心接受扫描病人的 0.2%。

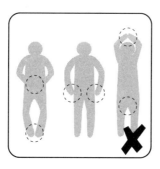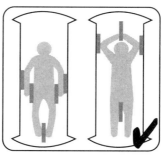

图 6-3　定位病人示意图

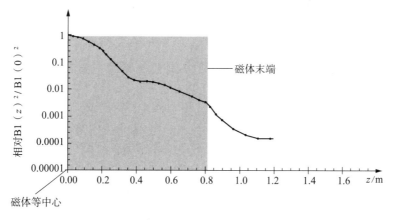

图 6-4　与 MR 工作人员暴露在磁场之下的相关的射频功率分布图

　　射频场沿从磁体等中心起始的中心线计算。灰色阴影区域表示磁体的长度。通过 $B1(z)^2/B1(0)^2$ 比率，可针对离等中心距离为 z 的人员得出 SAR 影响的预计最差情形。该 SAR 影响与位于病人腔中心的人员所受 SAR 相对

五、幽闭恐惧症

　　幽闭恐惧症是一种在封闭空间内感到明显而持久的过度恐惧的疾病。据报道，在临床 MRI 检查中，有 3%～10% 的受检者会出现紧张、恐慌等精神反应，甚至不能完成 MRI 检查，幽闭恐惧症是其中较为严重的反应。一旦将这种疾病的患者置于 MR 系统的密闭空间内就会引发患者的焦虑反应。这些患者不能忍受狭小局促的空间，因此在 MRI 磁体的检查孔中会出现心悸、呼吸困难、出汗、颤抖、恐惧、窒息或濒死感等严重反应。MR 检查过程中患者的不安情绪可能会带来不良后果。如患者因恐惧导致病情加重、图像出现运动伪影而引起诊断质量下降，因患者情绪不稳而耽误时间造成设备使用效率下降等。患者只有遵从指挥，能够在 MR 系统中停留足够长的时间，才能获得高质量的图像。以下列出的这些方法对于感到焦虑不安患者行之有效。

　　（1）使患者充分了解 MR 检查的相关信息（如梯度噪声、内部对讲系统等）。

　　（2）允许一个家属或朋友留在扫描间陪伴患者。

　　（3）使用 MR 专用耳机为患者播放音乐，使患者从听觉上分散注意力。

（4）使用设置于头线圈上的反光镜从视觉上分散患者的注意力。

（5）改变体位，如仰卧位改为俯卧位，头先入改为足先入等。

（6）戴上眼罩使患者不知道自己在密闭环境中。

（7）提高 MR 系统内的照明强度。

（8）MR 系统内使用风扇，来改善通风。

（9）使用香草味精油或其他类似的香料。

（10）采用镇定药或其他类似的药物。

六、妊娠

MRI 一直被认为是一种安全的检查手段，但它是否会对胎儿产生不良影响一直存有争议。迄今为止，有关 MRI 致畸方面的研究不多且不够深入。为此，美国 FDA 多年来一直未对孕妇及婴儿接受 MR 检查的安全性予以肯定，而英国的 NRPB 也建议妊娠 3 个月内的孕妇应慎用 MR 检查。这主要是考虑到胎儿发育的前 3 个月是一段非常敏感的时期，强磁场可能对发育中的胎儿产生生物效应，干扰细胞的正常分化。

MR 检查可以应用于有严重临床问题的妊娠患者，在决定对妊娠患者进行 MR 检查前，医务人员应认真考虑以下问题：①超声检查能否满足疾病诊断的需要？②MR 检查能否解决临床问题？③磁共振检查前考虑是否中止妊娠或提前分娩。

除对于需要进行 MR 检查的妊娠患者进行权衡利弊外，妊娠 3 个月以内的 MRI 工作人员也应尽量脱离高磁场环境，以避免接受 MR 所产生的小剂量慢性辐射。另外 Gd-DTPA 等多种 MRI 对比剂可以通过胎盘屏障进入胎儿体内，目前也不主张对孕妇使用 MRI 对比剂。

七、致冷剂安全性

超导 MRI 一般用液氦和液氮作为冷却剂，当发生失超或容器受到猛烈撞击破裂时，将可能发生液氦或液氮的泄漏。一般情况下泄漏的液氦和液氮应该通过专用管道排出，但是如果发生意外，则可能进入磁体室。泄漏的致冷剂的危险性包括：①超低温液氦和液氮冻伤；②液氦和液氮的直接伤害。氦气是无味、不易燃、无毒、比空气轻的惰性气体，由于液氦温度极低，在气化时会形成寒冷的烟雾，检查室内氦气的高浓度聚集会使空气中的氧变得稀薄，可能造成窒息。因此一旦发生致冷剂泄漏，所有人员必须立刻撤离磁体室。在磁体室还必须安装氧气检测报警器。

第三节　磁共振成像检查患者的筛查原则

制定一套全面有效的筛查制度对于保护所有准备进行 MR 检查的患者来讲是非常重要的这可以最大程度地避免他们受到与 MR 检查有关的伤害。

一、预约过程中的患者筛查

对患者的部分筛查可能发生在预约的过程中。负责预约的工作人员应接受过 MR 安全知识培训,了解与 MR 环境及检查相关的各种问题及潜在危险,并熟悉筛查表格的内容。在预约的过程中,工作人员可以初步确定患者是否具有 MR 检查所禁忌的置入物,也可以了解患者是否存在需要认真考虑的情况(如怀孕、身有残疾等)。初步的筛查有助于发现不适于 MR 检查的预约患者。

二、利用筛查表对患者进行筛查

初筛过后,每位准备进行 MR 检查的患者必须填写筛查表。筛查表的第一页需要填写患者的一般信息(包括姓名、年龄、性别、身高、体重等)以及进行 MR 检查的原因和(或)患者的症状。这有助于更新患者的医疗记录,并且方便 MRI 室在需要时核实患者的身体状况。

表格需要填写以往的外科处置或手术信息以帮助工作人员确定患者体内是否具有 MR 检查时可能发生问题的置入物或装置。同时需要相关的过往影像学检查诊断结果,这可能有助于对患者的状况作出回顾性评价。

接着是一些与 MR 检查相关的重要问题。例如,患者以往的 MR 检查情况,患者是否遭受过铁质物或其他异物的伤害等。这些问题的提出是为了评价患者过去和现在可能影响 MR 检查的医疗状况以及 MRI 造影剂的使用情况。

在筛查表第一页的底部,是针对女性患者提出的一些问题,包括末次月经时间、是否妊娠等。确定患者是否妊娠以便权衡利弊。因为妊娠患者仅在需要解决重要的临床问题时才进行 MR 检查。哺乳期患者如需注射造影剂,应询问是否母乳喂养。

表格第二页的最上方写着这样警告语:某些置入物或装置可能对您有危险或影响 MR 检查。患者如果对此有疑问,应向 MRI 技术人员和放射科医生进行咨询。接下来表中列出了 MR 检查时可能对患者产生危险或使 MR 图像产生伪影的各种置入体和装置,例如动脉夹、心脏起搏器、电子置入物等。旁边附有一副人体图片以便注明异物在体内或体表的确切位置。此外,还就患者是否患有呼吸系统疾病、运动障碍或幽闭恐惧症提出了相关问题,因为这些患者往往很难完成 MR 检查。

值得注意的是过去进行 MR 检查时未发生危险,并不意味着以后进行的 MR 检查都是安全的。各种因素,如静磁场的强度、患者置入体的方向等,都有可能显著改变检查过程。因此,对于准备进行 MR 检查的患者,每次检查前都必须完成这份筛查表。这么做并不过分,因为外科手术或意外事故都可能使患者身体带上铁质异物而影响 MR 检查的安全。

目前所使用的各种书面筛查表(如图 6-5 所示)仍然存在一定的局限性,这往往与患者所提供的答案不完全或不准确有关。患者如果视力较差、存在语言障碍或识字困难,在完成筛查表时就可能存在一些困难,因此需要一位合适的家庭成员陪同以便在筛查过程中核实各种可能影响患者安全的信息。如果需要的话,还应准备不同语言版本的筛查表。

在患者昏迷或无法进行交流的情况下,书面筛查表应由了解患者病史和现状的医生或家属来完成。如筛查信息填写不完全,应通过查看患者的手术瘢痕和(或)拍摄骨骼和(或)胸片来寻找 MR 检查时具有危险性的置入体,如动脉夹、心脏起搏器等。

一般信息	
患者姓名：_____	日期：_____/_____/_____
出生日期_____/___/_____	年龄：_____	身高：_____	体重：_____
检查：_____	性别：男　　　　女

以前是否进行过 MR 检查：是　　　　否

若是，请写明检查时间和检查类型：_____
_____

近期是否进行过 X 线检查：是　　　　否

若是，请写明检查时间和检查类型：_____
_____

以前是否进行过外科手术：是　　　　否

若是，请写明手术时间和手术类型：

头部：_____

颈部：_____

胸部：_____

腹部：_____

四肢_____

过敏史：_____

最近 4 小时吃了什么？_____

是否有职业金属碎屑接触史（如焊接工、磨工、钢铁工人等）？是　　　　否

眼镜是否曾遭受可疑金属损伤？是　　　　否

若是，请写出：_____

仅女性患者填写：

末次月经时间：_____/___/_____

是否妊娠：是　　　　否

是否是母乳喂养：是　　　　否

是否有宫内节育器：是　　　　否

（a）

图 6-5　筛查表

三、对患者金属异物的筛查

所有曾经遭受子弹、榴散弹及金属物体伤害的患者进入 MR 环境前均应进行彻底的筛查和评价。因为在 MR 环境中金属异物不仅可能发生移动，而且还可能发生过度产热的现象。X 射线平片是发现金属异物的好方法，因为平片的高敏感性足以发现 MR 环境中可能对患者产生危险的任何金属异物。

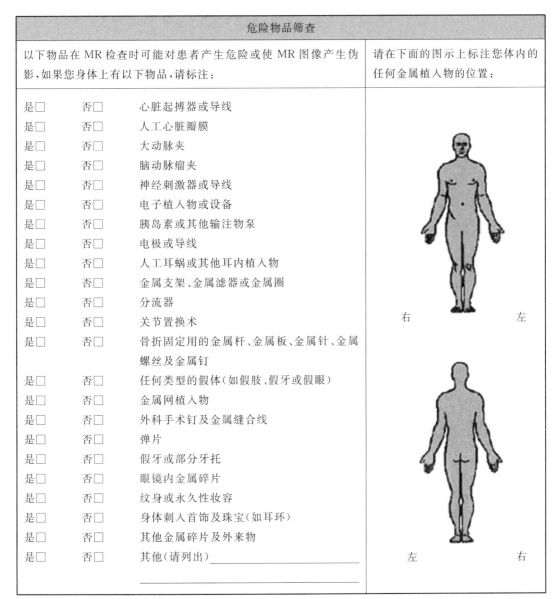

危险物品筛查	
以下物品在 MR 检查时可能对患者产生危险或使 MR 图像产生伪影,如果您身体上有以下物品,请标注:	请在下面的图示上标注您体内的任何金属植入物的位置:

是□	否□	心脏起搏器或导线
是□	否□	人工心脏瓣膜
是□	否□	大动脉夹
是□	否□	脑动脉瘤夹
是□	否□	神经刺激器或导线
是□	否□	电子植入物或设备
是□	否□	胰岛素或其他输注物泵
是□	否□	电极或导线
是□	否□	人工耳蜗或其他耳内植入物
是□	否□	金属支架、金属滤器或金属圈
是□	否□	分流器
是□	否□	关节置换术
是□	否□	骨折固定用的金属杆、金属板、金属针、金属螺丝及金属钉
是□	否□	任何类型的假体(如假肢、假牙或假眼)
是□	否□	金属网植入物
是□	否□	外科手术钉及金属缝合线
是□	否□	弹片
是□	否□	假牙或部分牙托
是□	否□	眼镜内金属碎片
是□	否□	纹身或永久性妆容
是□	否□	身体刺入首饰及珠宝(如耳环)
是□	否□	其他金属碎片及外来物
是□	否□	其他(请列出)_____

(b)

图 6-5(续)

由于眼睛是人体重要的感觉器官,因此预防 MR 环境造成的眼损害显得尤为重要。对于眼睛曾遭受可疑金属损伤的患者以及有职业金属碎屑接触史的患者(如焊接工、磨工、钢铁工人等)来讲,眼眶平片的拍摄都是很有必要的。

放射学筛查前先行临床筛查将提高异物筛查的成本效率。因此对于有眶内金属异物史的患者,临床筛查时应仔细询问患者当时医生是否已将金属异物完全取出。如果患者眼眶异物已被医生完全取出且各项检查均为阴性,那么他们将可以进行 MR 检查,而那些有外伤史且眼科检查异常的患者应进行放射学筛查。

图 6-6 及图 6-7 是目前编者医院在醒目位置张贴的禁止标识及所使用的筛查表。

进入磁体间前筛查		
请勿携带任何金属或磁敏感物品进入扫描间。请核对身上有无以下物品：		

是□	否□	眼镜	是□	否□	随身带的小刀
是□	否□	可拆卸假牙	是□	否□	金属拉链或纽扣
是□	否□	助听器	是□	否□	金属带扣（如皮带扣）
是□	否□	手表	是□	否□	鞋
是□	否□	珠宝首饰	是□	否□	发夹及夹子
是□	否□	钱包或磁力钱夹	是□	否□	有金属钩的胸罩
是□	否□	磁卡（信用卡或银行卡）	是□	否□	胸罩和有钢圈的束腰
是□	否□	钢笔或铅笔	是□	否□	月经带
是□	否□	钥匙	是□	否□	安全别针
是□	否□	硬币			

警告：禁止将以上物品带入磁体间。如若带入将会导致设备及 MR 系统损坏，并会造成人身伤害等严重后果。

签　　名：_____　　　日　　期：_____/____/_____

填表人：_____　　　与病人关系：_____

复核人：_____　　　职　　称：_____

（c）

图 6-5（续）

禁止标识　　　　　　　　检查室中禁止出现下列物件：

易于受电磁效应影响的植入物	明火，禁止吸烟	人体内部的金属植入物和其他金属物件	机械表和电子数据载体
带有磁性金属壳体的灭火器	金属零部件，例如工具	电子数据载体	

未授权的访问　　　　　　　　　　易于受电磁效应影响的植入物

图 6-6　MR 检查禁止标识

MR 检查安全事项	
1.体内植入物可能会干扰 MR 成像,甚至危及检查者的安全,检查前必须确认以下项目:	2.进入 MR 检查室前,必须确认您的体表没有下列物品,否则可能会对设备造成损坏,甚至造成人身伤害!

是□ 否□	心脏起搏器或导线	
是□ 否□	人造心脏瓣膜	
是□ 否□	动脉夹、脑动脉瘤夹	
是□ 否□	神经刺激器或导线	
是□ 否□	电子植入物或设备	
是□ 否□	胰岛素或其他灌流泵	
是□ 否□	耳蜗或其他耳植入物	
是□ 否□	金属支架、过滤器或线圈	
是□ 否□	分流器	
是□ 否□	人工关节	
是□ 否□	是否使用金属棒、片、针、螺丝或钉子固定断骨	
是□ 否□	任何类型的假体	
是□ 否□	金属网状植入物	
是□ 否□	手术用钩环或金属缝线	
是□ 否□	弹片	
是□ 否□	假牙或部分假牙	
是□ 否□	眼中的金属薄片	
是□ 否□	纹身或永久性化妆品	
是□ 否□	刺入身体的首饰	
是□ 否□	任何金属碎片或外来物	
是□ 否□	其他(请列出)	

右栏清单:

是□ 否□	眼镜
是□ 否□	可卸下的假牙
是□ 否□	助听器
是□ 否□	手表
是□ 否□	首饰
是□ 否□	皮夹或钱夹
是□ 否□	磁卡(信用卡、银行卡)
是□ 否□	钢笔或铅笔
是□ 否□	钥匙
是□ 否□	硬币
是□ 否□	小折刀
是□ 否□	金属拉链或纽扣
是□ 否□	发夹
是□ 否□	乳罩和腰带支撑
是□ 否□	别针

受检者(或家属)签名:　　　　　日期:

图 6-7 某医院目前所用筛查表

第七章 磁共振成像伪影

伪影是指 MR 图像中与实际解剖结构不相符的信号,可以表现为图像变形、重叠、缺失、模糊等。MR 检查中的伪影主要造成三个方面的问题:①使图像质量下降,甚至无法分析;②掩盖病灶,造成漏诊;③出现假病灶,造成误诊。因此正确认识伪影并采取相应的对策对于提高 MRI 的图像质量及诊断水平有重要的意义。

相对于其他医学影像学方法,MRI 更容易产生伪影,可以说每一幅 MRI 图像都不同程度存在伪影。MRI 伪影产生的原因多种多样,下面将介绍 MRI 常见的伪影及其对策。

第一节 磁共振成像伪影及其对策

伪影是指 MRI 过程中,由于种种原因不能正确反映组织解剖位置和组织特性或者图像中出现不属于被成像体解剖组织的虚假信息,又称鬼影,它可以导致图像质量下降,影响诊断的准确率和可靠性。MRI 伪影的形态多种多样,对影像的影响程度不同,要对伪影进行正确分析和判断,必须认识各种伪影的来源及产生机理。

MRI 过程复杂,与其他影像技术相比它是出现伪影最多的成像技术之一,伪影的来源也比较多,主要可以分为:①硬件相关,如静磁场不均匀;射频不均匀;非线性梯度场不均匀。②数据处理相关(软件原因)。③患者相关,如患者运动、生理性运动、血流和脑脊液搏动、金属植入物、化妆材料、化学位移、磁敏感性导致的伪影。④扫描相关以及环境相关的伪影。其中部分伪影可以通过调整参数、完善扫描细节消减甚至完全消除,而部分与硬件相关的伪影必须请相关的硬件、软件工程师予以监测调整。本章就日常工作中比较常见的、与患者准备、扫描有关的伪影予以说明,详述其产生原因及解决办法。

一、卷褶伪影

卷褶伪影(wraparound artifact)又称包绕伪影,是由于受检部位的大小超出 FOV 的范围而产生的,FOV 外的组织信号将折叠到图像的另一侧,这种折叠被称为卷褶伪影(alias artifact 或 wraparound artifact 或 foldover artifact)。MR 信号在图像上的位置取决于信号的相位和频率,信号的相位和频率分别由相位编码和频率编码梯度场获得。信号的相位和频率具有一定范围,这个范围仅能对 FOV 内的信号进行空间编码,当 FOV 外的组织信号融入图像后,将发生相位或频率的错误,把 FOV 外一侧的组织信号错当成另一侧的组织信号,因而把信号卷褶到对侧,从而形成卷褶伪影(图 7-1)。

实际上卷褶伪影可以出现在频率编码方向,也可以出现在相位编码方向上。由于在频率方向上扩大信号空间编码范围不增加采集时间,目前生产的 MRI 均采用频率方向超范围编码技术,频率编码方向不出现卷褶伪影,因此卷褶伪影一般出现在相位编码方向上。在三维 MRI 序列中,由于在层面方向上也采用了相位编码,卷褶伪影也可以出现在层面方向上,表现三维容积层面方向两端的少数层面上出现对侧端以外的组织折叠的影像。

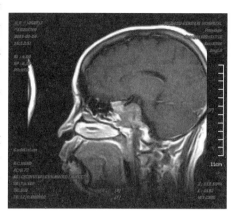

卷褶伪影具有以下特点:①由于 FOV 小于受检部位所致;②常出现在相位编码方向上;③表现为 FOV 外一侧的组织信号卷褶并重叠到图像另一侧的 FOV 内。

卷褶伪影的对策有:①增大 FOV 使之大于受检部位,这是一种最容易实现的方法,而且不增加采集

图 7-1　卷褶伪影图像

时间,在临床 MRI 检查中,一般情况下 FOV 都略大于受检部位;②相位编码方向过采样是指对相位编码,但在重建图像时,并不把这些过采样的区域包含到图像中,FOV 外的组织因为有正确的相位信息,因此不发生卷褶;③施加空间预饱和带,其宽度应该覆盖 FOV 外的所有组织,把该区域内的组织信号进行抑制,这样尽管卷褶伪影并没有消除,但由于被卷褶组织的信号明显减弱,卷褶伪影的强度也随之减弱。

二、化学位移伪影

化学位移伪影(chemical shift artifact)是指由于化学位移现象导致的图像伪影。表现在脂肪与水组织的界面处,在频率编码方向造成空间错位,形成一侧呈条形亮带,另一侧是条形暗带的伪影(图 7-2)。

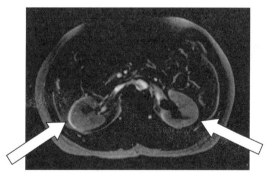

由于化学位移现象的存在,水分子中的氢质子(以下称水质子)的进动频率要比脂肪中氢质子(以下称脂质子)的进动频率约高 3.5×10^{-6},相当于 150 Hz/T,在 1.5 T 的设备中其进动频率差别约为 225 Hz。同一体素

图 7-2　化学位移伪影

中的水和脂肪信号可能因不同的化学位移特性而分离,经过傅立叶变换会把脂肪信号放在低频一侧,水放在高频一侧,这样会在频率编码方向出现黑白条形伪影。

化学位移伪影的特点包括:①在一般的序列上该伪影出现在频率编码方向上,在 EPI 序列上可出现在相位编码方向上;②化学位移伪影出现在脂肪组织与其他组织的界面上;③脂肪组织与其他组织的界面与频率编码方向垂直时,化学位移伪影比较明显;④脂肪组织的信号向频率编码梯度场强较低的一侧移位;⑤其他条件相同的前提下,主磁场场强越高,化学位移伪影也越明显。

克服化学位移伪影的对策很多,主要包括以下四个方面:①增加频率编码的带宽;②选用主场强更低的 MRI 扫描;③改变频率编码方向;④施加脂肪抑制技术。

三、截断伪影

截断伪影(truncation artifact)也称环状伪影,是在图像重建中产生的,表现为高、低信号突变时产生的环形黑白条形,一般出现在两种差异较大组织的界面上,如颅骨与脑组织的交接处。另一种截断伪影表现为边缘增强现象,在组织边界处为一个高信号环。

MRI 图像是很多像素组成的阵列,数字图像要想真实展示实际解剖结构,其像素应该无限小,但实际上像素的大小是有限的,因此图像与实际解剖存在差别,这种差别实际上就是截断差别,当像素较大时其失真将更为明显,就可能出现肉眼可见的明暗相间的条带,这就是截断伪影(图 7-3)。

截断伪影的特点有:①常出现在空间分辨力较低的图像上;②相位编码方向往往更为明显,因为为了缩短采集时间相位编码方向的空间分辨力往往更低;③表现为多条明暗相间的弧线或条带。

清除截断伪影的对策主要是增加图像空间分辨力,但同时往往会增加采集时间。

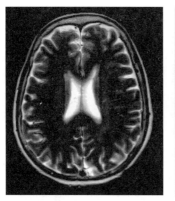 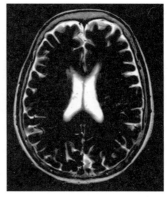

(a) (b)

图 7-3 同一位病人 T2WI 图像

(a)矩阵 320×290,图像正常;(b)矩阵 320×232,图像出现截断伪影

四、勾边伪影

在梯度回波序列的反相位图像上,脏器与脂肪组织的界面处会出现宽度为一个像素的黑线,勾勒于脏器的周边,被称为勾边伪影或黑线伪影(black line artifact),最常出现于腹部脏器周围、肌肉间隙等部位(图 7-4)。

勾边伪影具有以下特点:①仅出现于梯度回波类序列,一般不出现于自旋回波类序列;②出现于脏器与脂肪组织的界面上;③只出现于反相位图像上,最常见的是扰相 GRE 序列的反相位;Balance-SSFP 序列由于通常采用近似于反相位的 TE,往往

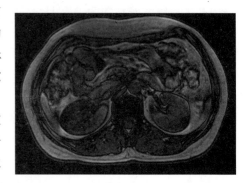

图 7-4 勾边伪影

也可以看到勾边伪影;④表现为一条宽度为一个像素的低信号黑线包绕脏器。

减少或消除勾边伪影的方法有:①通过 TE 的改变采集同相位的图像;②施加脂肪抑制技术;③用自旋回波类序列取代梯度回波序列。

五、部分容积效应

当选择的扫描层厚是像素尺寸的几倍或病变较小而又位于层与层之间时,周围组织信号掩盖了小的病变或出现鬼影,这种现象称为部分容积效应(partial voluming)。与其他任何断层图像一样,MR 图像同样存在部分容积效应,造成病灶的信号强度不能得以客观表达,同时将影响病灶与正常组织的对比。解决的办法主要是减薄层厚、提高空间分辨率及改变层面位置(图 7-5)。

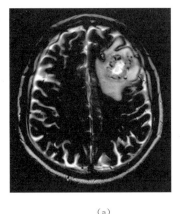 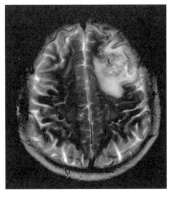

(a)　　　　　　　　　　(b)

图 7-5　同一位患者 T2WI 图像

(a)层厚 4 mm,层间距为层厚的 10%,可以看到病灶细节;(b)层厚 10 mm,层间距为层厚的 10%,由于部分容积效应,导致病灶细节显示不清

六、层间干扰

MRI 需要采用射频脉冲激发,由于受梯度场线性、射频脉冲的频率特性等影响,MR 二维采集时扫描层面附近的质子也会受到激励,这样就会造成层面之间的信号相互影响,这种效应称为层间干扰(cross talk)或层间污染(cross contamination)(图 7-6)。

层间干扰伪影的对策包括:①增加层间距可减少层间干扰;②层面激发顺序采用间隔模式(interleaved),如总共有 10 层图像,先激发采集第 1、3、5、7、9 层,再激发采集第 2、4、6、8、10 层。但需要指出的是,如果序列的 TR 较短,采用间隔的采集模式反而会出现一

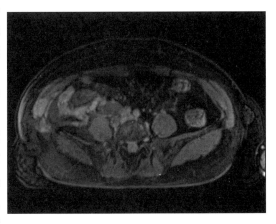

图 7-6　层间干扰伪影

层亮一层暗的现象；③采用三维采集技术。

七、近线圈效应

在临床 MRI 检查中，为了提高图像信噪比，绝大多数脉冲序列都采用表面线圈或多通道相控阵线圈来采集 MR 信号。与体线圈相比，表面线圈包括相控阵线圈接收 MR 信号在整个采集容积区域是不均匀的，越靠近线圈的部位采集到的信号越高，而越远离线圈的部位采集到的信号越低，这种现象被称为近线圈效应，是由于线圈的空间敏感度差异所致（图 7-7）。

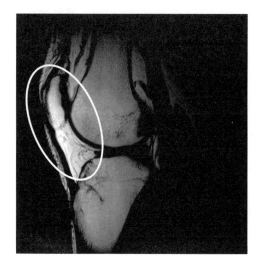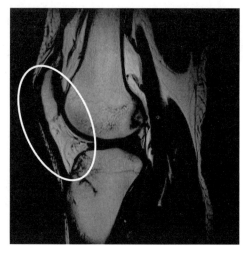

（a）近线圈效应图像　　　　　　　　　　　　（b）克服后

图 7-7　近线圈效应图像

近线圈效应会造成图像信号的均匀度降低，严重时会直接影响诊断。针对近线圈效应，主要有两种解决方案：①采用滤过技术。这实际上是一种图像后处理技术，使距离线圈不同远近的组织信号尽可能的接近。②利用表面线圈敏感度信息与体线圈比对的方法。

八、金属伪影

除了运动伪影，最常见的伪影为金属异物伪影（metal artifact），它分为铁磁性金属伪影和非铁磁性金属伪影。铁磁性金属伪影的特征是信号畸变严重，铁磁性物体周围组织呈大片无信号区，使周围组织器官发生信号错位而变形（图 7-8）。非铁磁性金属伪影为圆形低信号区，边缘可见，周围组织呈现高信号环带。

铁、钴、镍等磁性金属进入磁场后，使磁力线高度集中在铁磁性金属上，严重破坏了磁场均匀性，它对成像的危害最大。铂、钛、钆等顺磁性金属集中磁力线的程度比铁磁性金属弱得多，它只影响主磁场的均匀性。铜、金等抗磁性金属对磁场的影响最小。

去除体外金属异物并不困难，受检者进入磁体间前进行严格检查，可除去大部分金属异物。对体内金属异物，如外科手术夹要慎重对待，最好不做相关部位的扫描，以免发生危险。

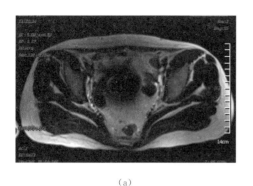 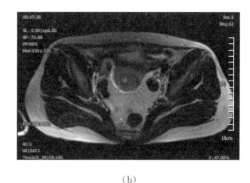

(a)　　　　　　　　　　　　　　　(b)

图 7-8　金属伪影

(a)金属(节育环)伪影;(b)金属(节育环)取出后检查,伪影消失

九、交叉伪影

交叉伪影的原因是层面内组织受到其他层面额外的射频脉冲激发,提前饱和,不能产生信号。往往在分组倾斜定位时出现。有时预置饱和也可能带来同样的伪影。伪影的特点是交叉部位(或有饱和脉冲的部位)低信号或信噪比非常低(图 7-9)。克服交叉伪影的办法是在分组倾斜定位时尽量避免层面交叉。

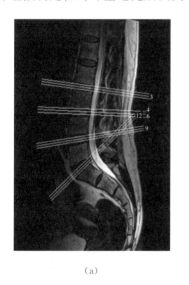 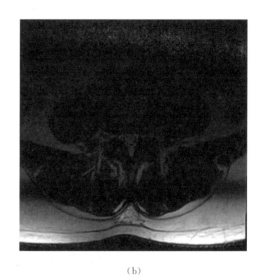

(a)　　　　　　　　　　　　　　　(b)

图 7-9　交叉伪影

(a)矢状位定位像上,层面有交叉;(b)得到的轴位图像存在交叉伪影

十、iPAT 伪影

iPAT 伪影的原因是在启用并行采集 iPAT 技术采集 K 空间时,在相位方向上隔行采集。每一个线圈单元采集一半的相位方向的信息。所采集到的信息存在明显的相位卷褶,需要利用线圈敏感性数据。重建数据并去掉每个线圈单元的卷褶,重建出一个完好的图像。当校正的信息与采集的信息不匹配时,将导致伪影出现。伪影特点:类似卷褶伪影,但多出现在图像中心,图像中心条带状伪影,信噪比明显降低(图 7-10)。

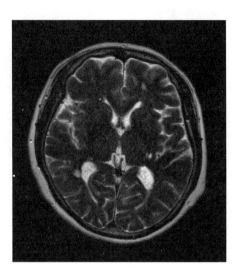

图 7-10　iPAT 伪影

十一、拉链伪影

拉链伪影的产生原因是:①自由感应衰减还没有完全衰减之前,180°脉冲的侧峰就与它产生重叠,或者临近层面不精确的射频脉冲造成一个未经相位编码就激励的回波。②当存在不需要的外界无线电频率的噪声时也容易引起这种伪影(如扫描间外手机射频、无线电广播射频)。

图像特点:①沿频率编码轴交替的亮点与黑点组成的中心条带或噪声带(图 7-11)。②外界泄露射频带来的伪影。沿相位方向排列的"拉链状伪影"。

克服方法:①自由感应衰减的拉链伪影。增大 TE,因为增大 TE 可加大 FID 与 180°射频之间的间隔;增大层厚,通过选择更大宽的射频带宽,使之在时间域变窄。②外界射频泄漏的拉链状伪影。关紧扫描间的门,禁止在扫描间外接听手机、无线广播去除监护装置,防止在扫描间附近使用电钻等工具。

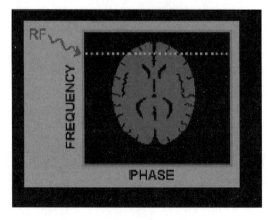

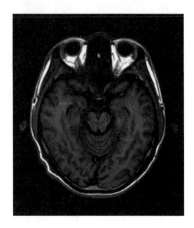

（a）拉链状伪影示意图　　　　　　　　　　　　　　　　（b）拉链状伪影

图 7-11　拉链状伪影

第二节　运动伪影及其对策

运动伪影(motion artifact)是人体生理性运动和自主性运动产生的伪影,它是降低磁共振影像质量最常见、最主要的伪影。运动伪影分为两大类:一种是由于被成像体的自主性运动引起的伪影,如吞咽运动、眼球运动、病人躁动等,由于其随机性及不可控性,目前还没有很好的办法完全消除。另外一种是由于心脏、呼吸、胃肠蠕动及大血管搏动等引起的伪影,大都是周期性运动,有一定的规律,目前用来克服它的技术较多,且行之有效。

一、随机自主运动伪影

随机自主运动伪影不具有周期性,且由受检者自主控制,如吞咽、自主运动等。随机自主伪影的主要特点有:造成图像模糊(图 7-12);受检者可以控制;出现在相位编码方向。

克服随机自主运动伪影的方法有:①对于病人的自主性运动,检查前争取患者的配合,保证扫描期间保持不动;②尽量缩短图像采集时间;③采用能够纠正运动的脉冲序列技术,如西门子的刀锋技术;④吞咽伪影可在喉部施加预饱和带;⑤对于实在躁动不能配合检查的患者,可让患者服用或注射一定剂量的镇静剂。

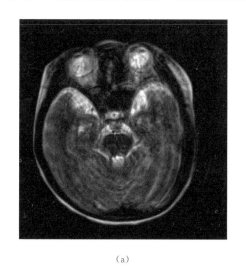 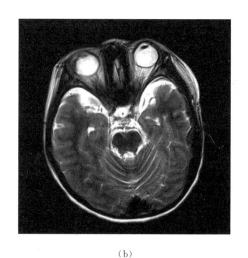

（a）　　　　　　　　　　　　　　　　　（b）

图 7-12　运动伪影及使用运动校正技术的图像

（a）随机自主运动造成图像模糊；（b）使用运动校正技术扫描图像得到纠正

二、呼吸运动伪影

呼吸运动伪影主要出现在胸腹部 MR 图像上,其特点包括:①主要造成图像模糊或表现为腹壁脂肪影重叠于脏器或掩盖病灶(图 7-13);②伪影出现在相位编码方向上;③呼吸运动具有一定的节律性和可控性。

呼吸运动伪影对策包括以下几个方面:①在行腹部检查时一般都给病人扎上腹带以减小呼吸运动的幅度。②施加呼吸触发技术或导航回波技术。这类技术利用探测到的呼吸波来触发成像序列,使 K 空间的所有 MR 信息尽量采自呼吸周期的相似时相,减少回波信号的相位错误,从而达到抑制伪影的目的(图 7-14)。③采用快速成像序列屏气扫描。目前腹部 MRI 检查的 T1WI 多采用屏气扫描;对于不能均匀呼吸的患者,腹部的 T2WI 序列也可采用屏气扫描(图 7-15)。④对于呼吸不均匀又不能屏气的患者还可以采用对呼吸运动不敏感的超快速序列,如单次激发 FSE、单次激发 EPI 等,即便图像采集过程中患者自由呼吸也没有明显的运动伪影,但需要指出的是这类序列的信噪比和对比度较差。⑤施加脂肪抑制技术,因为 MR 图像上脂肪信号很高,造成的伪影也很明显,脂肪信号抑制后伪影将明显减轻。⑥在前腹壁施加预饱和带抑制腹壁皮下脂肪的信号,也可抑制腹壁的运动伪影。⑦增加 NEX 可以在一定程度上减轻呼吸运动伪影。

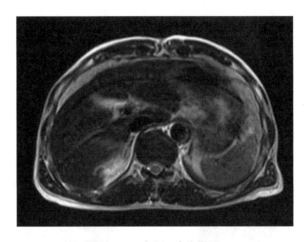

图 7-13　呼吸运动伪影重

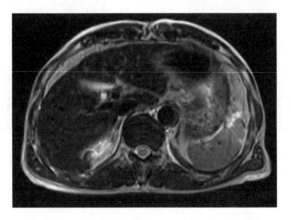

图 7-14　采用膈肌触发技术,运动伪影明显减轻

三、心脏搏动伪影

心脏搏动伪影不仅可以造成心脏 MRI 图像的模糊,而且伪影将重叠于周围结构上,造

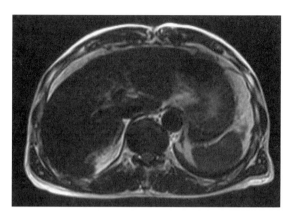

图 7-15　屏气扫描,图像几乎没有呼吸运动伪影

成其他脏器观察的困难(图 7-16)。心脏搏动伪影具有以下特点:①具有很强的周期性;②受检者不能自主控制;③沿相位编码方向分布。

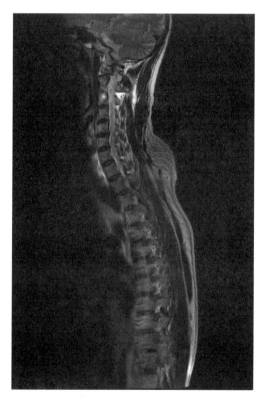

图 7-16　心脏搏动伪影重叠在脊柱上

　　心脏搏动伪影的对策有:①施加心电门控或心电触发技术,主要用于心脏大血管 MR 检查;②在心脏区域施加预饱和带,主要用于心脏周围结构如脊柱的检查;③切换相位编码方向,如脊柱矢状面或横断面成像时,如果相位编码为前后方向,心脏搏动伪影将重叠在脊柱上,如果把相位编码方向改成左右(横断面)或上下(矢状面),伪影将不再重叠于脊柱上;④增加 NEX 可以在一定程度上减轻心脏搏动伪影。

四、血管搏动及流动伪影

血管的搏动伪影与流动伪影产生的机制并不完全一致。搏动伪影主要是由于在采集图像的 K 空间不同的相位编码线（MR 信号）时，血管的形态和（或）位置发生着变化，导致了相位的错误，从而在相位编码方向上出现运动伪影（图 7-17）。

血管搏动伪影具有以下特点：①具有明显的周期性。②主要发生于形态和位置随时间变化较大的血管，如大动脉特别是主动脉；扫描过程中大静脉如有明显舒缩运动也可产生较明显的搏动伪影。③当血管内血液本身的信号较高，如增强扫描时或使用梯度回波序列时，搏动伪影比较明显。④单纯的搏动伪影与血流方向关系不明显。⑤伪影出现在图像的相位编码方向上。

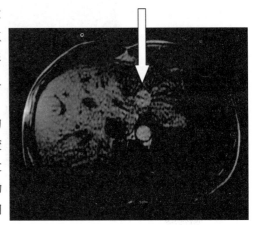

图 7-17　主动脉搏动伪影

血管的流动伪影主要由于沿频率编码方向血流中的质子群积累了相位偏移，在傅立叶变换时把这种相位的偏移误当成相位编码方向的位置信息，血流的位置在相位编码方向发生漂移，从而产生流动伪影。

血管流动伪影具有以下特点：①常发生于慢血流的血管如静脉；②当血流信号增高时如增强扫描，伪影更为明显；③主要发生于沿频率编码方向流动的血管；④由于流速与心动周期有一定关系，因此也具有一定的周期性；⑤伪影沿相位编码方向分布。

无论是搏动伪影还是流动伪影，都常表现为一串沿相位编码方向等间距分布的血管影，血管影可呈现较高信号、低信号或高低信号相间。

大血管搏动伪影或流动伪影的对策有：①在成像区域血流的上游施加预饱和带，这种方法适用于垂直于扫描层面的血管造成搏动伪影。②使用流动补偿技术，对沿频率编码方向流动的慢血流造成的流动伪影有较好的效果，如颅脑 SE T1WI 增强扫描施加该技术后来自于静脉窦的搏动伪影可明显减少。③切换相位编码方向，这种方法并不能消除垂直于层面的血管引起的搏动伪影，但可使搏动伪影的方向发生改变，对于层面内沿着频率编码方向的血流引起的流动伪影，切换相位编码方向后，血流沿着相位编码向流动，对于消除或减少慢血流的流动伪影可能是最有效的方法。④施加心电门控也可以减少血管搏动或流动伪影。

五、脑脊液流动伪影

脑脊液流动伪影在颅脑和脊柱 MRI 检查时很常见，有的流动伪影并不严重影响图像质量，而有的脑脊液流动伪影可造成误诊和漏诊。脑脊液流动伪影主要有三种表现形式，其机制和对策各有不同：

（1）脑脊液流动引起质子群失相位而造成信号丢失，这主要发生于 FSE T2WI 序列上，在 90°脉冲与回波产生之间脑脊液流动将造成质子群不同程度上失相位，从而发生信号衰减形。脑脊液流动失相位造成的信号衰减的对策包括：①采用流动补偿技术采用超快速梯度回波序列,如 Balance SSFP,这种序列对于流动不敏感,不易出现流动失相位引起的信号丢失;②采用心电门控技术可减少流动失相位。

(2)脑脊液流空效应及流入增强效应。在脑脊液流动较快的部位,如脑室间孔、中脑导水管及椎管内,当扫描层面与脑脊液流动方向垂直或基本垂直时,在 T2WI 上可呈现不同程度的信号流空,表现为脑脊液局部低信号甚至完全流空;而在 FLAIR 序列上则可出现流入增强效应,表现为在低信号的脑脊液背景下出现局限性的高信号影,会影响脑脊液抑制效果,并可能出现流动伪影。这类伪影的对策包括:①对于流空效应,一般不影响诊断,只需认识该表现避免误诊即可;②可以通过缩短 FSE T2WI 序列的 TE 来减轻流空效应;③采用 EPI 序列或 TR、TE 极短的梯度回波序列,如 Balance-SSFP 序列可以明显减轻流空效应;④对于 FLAIR 序列的流入增强效应造成的脑脊液抑制不佳,可以采用分组采集并同时增大 180°反转脉冲的激发厚度来弥补。

(3)脑脊液流动伪影。当脑脊液沿着频率编码方向流动时,质子群将积累相位的偏移,从而发生流动伪影,其原理与血液的流动伪影一致。椎管内的脑脊液总体上沿着椎管长轴方向流动,当脊柱矢状面 FSE T2WI 序列选择上下方向为频率编码方向时,脑脊液流动伪影最为明显,表现为纵向走行的细条状略高信号伪影重叠于脊髓上,严重影响脊髓的观察(图 7-18a);在颅脑 FSE T2WI 上有时也有类似的表现。椎管内脑脊液流动伪影的对策包括:①采用流动补偿技术,不但可以抑制脑脊液流动伪影,还可增加脑脊液的信号(图 7-18b);②最有效的方法是改变频率编码方向,把脊柱矢状面 FSE T2WI 序列的上下方向设置为相位编码方向,前后方向为频率编码方向,可明显抑制脑脊液流动伪影(图 7-18c);③采用心电门控技术也可减轻脑脊液流动伪影。

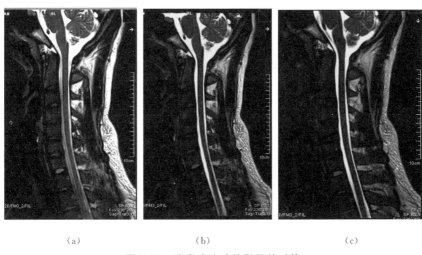

(a)　　　　　　　　(b)　　　　　　　　(c)

图 7-18　脑脊液流动伪影及其对策

(a)、(b)、(c)为同一病例颈椎矢状面 FSE T2WI 的同一层面,TR、TE、ETL、FOV、矩阵、层厚、层间距均相同。(a)频率编码方向是上下方向,且未施加流动补偿技术,可见纵向走行的细条状高信号脑脊液伪影重叠于脊髓,严重影响了脊髓的观察;(b)频率编码方向依然是上下方向,但施加了流动补偿技术,可见脑脊液流动伪影明显减轻,但未能消除,脊髓内仍可见一细条状高信号伪影;(c)频率编码方向设置为前后方向(上下方向为相位编码),且施加了流动补偿技术,可见脑脊液流动伪影消失,脊髓得以清楚显示

第八章 医用磁共振设备的质量管理

MRI 的原理比较复杂,所涉及的技术颇多,很多因素都会影响 MRI 的质量,做好质控对于提高 MRI 的临床应用价值非常重要。本章简要介绍 MR1 相关检测标准及常规质控指标。

第一节 磁共振成像设备相关标准

1. 北京市地方计量技术规范 JJF(京)30—2002《医用磁共振成像系统(MRI)检测规范》

该规范由北京市计量科学研究所起草,该规程适用于新安装、使用中和影响成像性能的部件修理后的医用 MRI 系统的检测。

2. 江苏省地方计量检定规程 JJG(苏)71—2007《医用磁共振成像系统(MRI)检定规程》

该规范由江苏省计量科学研究院起草,该规程适用于医用 MRI 系统的首次检定、后续检定和使用中检验。

3. 广东省地方计量检定规程 JJG(粤)009—2008《医用磁共振成像系统(MRI)计量检定规程》

该规程由深圳市计量质量检测研究院起草,该规程适用于医用 MRI 系统的首次检定、后续检定、使用中检验和影响成像性能的部件修理后的计量检定。

4. 福建省地方计量检定规程 JJG(闽)1041—2011《医用磁共振成像(MRI)系统检定规程》

该规范由福建省计量科学研究院与厦门市计量检定测试院起草,该规程适用医用 MRI 系统的首次检定、后续检定和使用中检验。

5. 医药行业标准 YY/T 0482—2010《医用成像磁共振设备主要图像质量参数的测定》

该标准规定了主要的医用磁共振设备图像质量参数的测量程序,在该标准中陈述的测量程序适用于:在验收试验时进行质量评价,在稳定性试验时进行质量保证。该标准的范围也仅限于测试模具的图像质量特性,而不是对患者的图像。

6. 卫生行业标准 WS/T 263—2006《医用磁共振成像(MRI)设备影像质量检测与评价规范》

该标准由中国疾病预防控制中心辐射防护与核安全医学所起草,由中华人民共和国卫生部发布。该标准规定了医用 MRI 设备影像质量检测项目与要求、检测方法和评价方法。该标准适用于永磁体、电磁体和超导磁体医用 MRI 设备的验收检测和状态检测。

7. Quality assurance methods and phantom for Magnetic Resonance Imaging. AAPM Report No. 28,1990

该标准是由美国医学物理师协会(AAPM)制定的,该标准规定了医用 MRI 设备医学计量规范。

第二节 常规磁共振质量控制主要指标

MRI质量控制是指通过对设备的性能进行检测和维护,对图像的形成过程进行检测和校正,以保证诊断图像质量的综合技术。质量保证既包含管理层面意义,也包含技术层面意义,保证了成像过程采用最合理的方案产生能满足质量要求的优质图像,同时降低了成像过程中患者的风险和设备的运行成本。MRI系统构成十分复杂,影响MR影像质量的因素很多,对整个MR系统进行全面测试十分困难,用户仅进行常规参数测试。MRI系统检测项目主要包括信噪比(SNR)、图像的均匀性、空间线性、空间分辨力、层厚、纵横比、磁场均匀性等。

一、信噪比

信噪比(signal to noise ratio,SNR)是MRI最基本的质量参数,一幅MR图像如果没有足够的信噪比,那么其他质量标准就无从谈起。它受MR系统诸多因素的影响,且SNR的高低直接决定图像质量的好坏,因此定期进行测试是十分必要的。

1. 信噪比的两种测量和计算方法

信噪比是指图像的信号强度与背景随机噪声强度之比。所谓信号强度是指图像中某代表组织的一感兴趣区内各像素信号强度的平均值;噪声是指同一感兴趣区等量像素信号强度的标准差。重叠在图像上的噪声使像素的信号强度以平均值为中心而振荡,噪声越大,振荡越明显,信噪比越低。临床MR图像的信噪比可用以下两种测量和计算方法。

(1) $SNR_1 = \dfrac{SI}{SD}$ 式中 SI 表示感兴趣区的信号强度平均值;SD 为同一感兴趣区信号强度的标准差。这种测量方法要求感兴趣区所包含是均匀成分,否则感兴趣区内各像素信号强度的标准差并不能代表随机噪声。因此这种方法在临床MR图像上进行测量并不太常用,而医学工程人员在进行设备维护、保养和检修过程中,利用体模扫描时使用较多。

(2) $SNR_2 = \dfrac{SI_{组织}}{SD_{背景}}$ 式中 $SI_{组织}$ 为组织某感兴趣区信号强度的平均值;$SD_{背景}$ 为背景信号的标准差,其检测方法是在图像相位编码方向上视野内组织外选一感兴趣区,SD 为该感兴趣区信号强度的标准差,感兴趣区应该避开伪影。临床图像质量评价时目前多采用这一种方法。图像的信噪比与很多因素有关,例如:主磁场强度、采集线圈、脉冲序列、TR、TE、NEX、层厚、矩阵、FOV、采集带宽、采集模式等。

2. 影响信噪比的因素

信噪比不仅受磁场强度、体素大小、重复时间、回波时间、反转时间、信号采集次数等的影响,也受到层厚、层间隔、视野大小、矩阵等的影响。

(1) 体素与信噪比

体素的空间位置由三个彼此正交的梯度磁场来识别,因此体素的大小及形状是由扫描矩阵、视野(FOV)、层厚、层间距等参数决定。体素越小,空间分辨力越高,信噪比越低;层厚越厚,质子数量增多,产生的信号越强,信噪比越高。但层厚变厚时,易产生容积效应,可使某些组织结构被重叠的组织所掩盖;而层厚越薄,空间分辨率越高,信噪比越低,可采用增加激励次数来提高信噪比。

（2）时间参数与信噪比

TR与TE时间的设定对组织信号特征有很大的影响,主要用于控制图像对比度,同时也影响信噪比。TR越长,质子可以进行充分弛豫,下次激励时在横向就会有更多的信号输出,可提高信噪比;TE越长,信号收集前的等待时间就越长,进动相位的质子发散增多,回波幅度减小,信噪比降低。

（3）信号采集次数（NSA）与信噪比

信号是固定存在的,并具有一定规律性;噪声是随机产生的,无规律。在进行多次激励和多次采样时,重复采集的信号之间具有相干性,叠加会使信号强度线性增加,而噪声或无规则运动在产生伪影叠加后,虽然噪声通过叠加增加,但仍旧比信号的上升幅度小,结果信噪比上升。另外,图像叠加平均时,噪声也可能因为数学平均而降低,这样更能够有效地提高信噪比。

（4）射频线圈与信噪比

射频线圈的选择和使用对信噪比的影响很大。相控阵线圈包含了多个子线圈单元,可以在同一时间从多个方向接收主磁场的射频脉冲,同时有多个数据采集通道与之匹配,因此可以降低薄层或高分辨率扫描时的噪声,信噪比高。信号受噪声干扰的程度与线圈包含的组织容积相关,因此应尽量将射频线圈贴近被检组织表面。扫描时,线圈距离目标组织越远,接受的信号强度越小,信噪比越低;线圈所包括的组织内容越多,接受的噪声越多,信噪比越低。射频接收频带宽也会影响信噪比。射频接收频带宽时,不同频率的信号会发生叠加而增加噪声,信噪比降低;射频接收频带窄时,信噪比提高。信噪比还受到场强的影响,场强越强,质子的共振频率越高,图像的信噪比越高。

（5）单一因素改变与信噪比

单一因素改变时信噪比变化的一般规律如下:①信噪比与主磁场的强度成正比;②表面线圈采集的图像信噪比高于体线圈采集的图像,多通道表面相控阵线圈采集的图像信噪比更高;③自旋回波类序列的信噪比一般高于GRE类序列;④多数序列中TR延长,信噪比升高;⑤多数序列中TE延长,信噪比降低;⑥信噪比与回波信号总数的平方根成正比;⑦FOV增大,信噪比升高;⑧矩阵增大,信噪比降低;⑨层厚增加,信噪比成比例增加,相同层厚时,3D图像的信噪比明显高于2D图像;⑩采集带宽越宽,信噪比越低。临床应用时需要对上述参数进行适当调整,以保证图像的信噪比。提高图像信噪比的基本原则是提高受检组织的信号强度和降低背景噪声。

二、图像均匀性

图像均匀性指当被成像物体具有均匀的MRI特性时,MRI成像系统在扫描整个体积过程中产生一个常量信号响应的能力。图像均匀性描述了MRI对体模内同一物质区域的再现能力。影响均匀性的因素主要有静磁场、射频线圈与射频场,以及涡流效应、梯度脉冲、穿透效应等。测量时,对充满均匀液体的体模进行扫描,在感兴趣区里选取九个测量区,分别为感兴趣区边缘0°、45°、90°、135°、180°、225°、270°、315°、360°,测量区为100个像素点,确定

每个测量区的信号强度值。选取上述 9 个测量区的信号强度最大值和最小值,按式(8-1)计算差值和中值和图像的均匀性:

$$U_{(均匀性)} = \left(1 - \frac{\Delta}{S'}\right) \times 100\% = \left[1 - \frac{(S_{max} - S_{min})}{(S_{max} + S_{min})}\right] \times 100\% \qquad (8\text{-}1)$$

其中,

$$\Delta_{(信号强度最大值和最小值的差值)} = \frac{(S_{max} - S_{min})}{2}$$

$$S'_{(信号强度最大值和最小值的中值)} = \frac{(S_{max} + S_{min})}{2}$$

理想的图像均匀性应该为 100%,通常对于 FOV 为 200 mm 的测量,其整体均匀性应大于 80%,应该说 FOV 越大其图像均匀性越差。

三、线性度

线性度是描述任何 MR 系统所产生图像几何变形程度的参数,又称几何畸变,指物体图像的几何形状或位置的改变程度。MRI 中产生几何变形的原因有主磁场不均匀、梯度场的非线性、信号采集不理想等。

线性度体现了 MRI 重现物体几何尺寸的能力。图像的线性不好,即所得图像有几何扭曲,不能真实反映成像物体的几何结构。对于磁共振图像,一般要从两个方向(即频率编码方向和相位编码方向)测图像线性度。

测量方法:有效视野(FOV)不小于 25 cm,测量体模纵、横、斜图像的尺寸;根据测量结果,计算空间线性 $L = \frac{|D_0 - D|}{D_0} \times 100\%$;$D_0$ 为实际尺寸,单位为 mm;D 为测量尺寸,单位为 mm,要求测量多组数据进行平均得到图像线性度的测置结果。一般情况下测得的几何变形程度小于 5%。

四、层厚

层厚是 MRI 系统的一个重要参数,层厚定义为成像层面灵敏度剖面线的半高全宽度(full width at half-maximum,FWHM),是指成像面在成像空间第三位方向上的尺寸,表示一定厚度的扫描层面,对应的是一定范围的频率带宽。利用某些特殊结果所成图像得到层厚,既可以利用层面的剖面线(slice profile)的最大半高宽(FWHM)得到层厚,也可以在窗宽、窗后调节好的情况下直接测量层厚。

影响层面厚度的因素有梯度磁场的均匀性、RF 场的均匀性、静磁场的均匀性、RF 脉冲波形及其激励回波等。

在确保精确测量的前提下,层厚允许误差小于 20%。

五、空间分辨力

任何 MRI 系统的空间分辨率都是非常重要的特性之一。空间分辨力是指 MR 图像对解剖细节的显示能力,实际上就是成像体素的大小,体素越小,空间分辨力越高。层厚代表层面选择方向的空间分辨力。MRI 的空间分辨力与视野、扫描矩阵和扫描层厚度相关。层面内的空间分辨力受 FOV 和矩阵的影响。FOV 不变,矩阵越大则体素越小,空间分辨力越高;矩阵不变,FOV 越大则体素越大,空间分辨力越低。如 256×256 的矩阵,如果 FOV 为 50 cm×50 cm,则空间分辨力为 2 mm 左右;如果保持矩阵不变,FOV 缩小到 25 cm×25 cm,则空间分辨力提高到 1 mm;如果保持 FOV 不变,矩阵改为 512×512,则空间分辨力也提高到 1 mm。在西门子公司和飞利浦公司的设备上,参数调整界面中给出了体素的实际大小图。在临床应用中还应该注意空间分辨力与信噪比及采集时间的关系,在其他参数不变的情况下,空间分辨力的提高将损失信噪比并延长采集时间,因此在参数调整时需要权衡各方面的利弊。

(1) 采集体素与空间分辨力:MRI 通过不同组织的不同弛豫时间 T1 和 T2 来识别组织差异,并且通过在主磁场上叠加三个彼此正交的梯度场来区分源于不同成像体素中的 MRI 信号,即在每个坐标轴方向都增加一个梯度磁场,这三个梯度场分别用于实现选层、频率编码和相位编码功能,通过这些功能采集到具有空间特性的频域信号,然后经过二维傅立叶变换后重建出 MRI 图像。MRI 图像的成像层面可以任意选取,其中包括层面的方向、位置和厚度,这主要通过磁场梯度脉冲和射频脉冲结合起来实现。首先在 Z 轴方向施加线性梯度磁场 Gz,使不同 Z 值坐标的 X-Y 平面上的氢原子有不同的进动频率;接下来施加一定频率的与进动频率相吻合的射频脉冲对目标层产生核磁共振,即选层;然后分别在 Y 轴方向和 X 轴方向施加 Gx 和 Gy 梯度场,从而在一个三维空间中将各体素的空间位置识别出来;最后通过傅立叶变换,将组织释放的时域信号变换成频域信号进行处理与重建。薄层和小体素既提高了空间分辨力,又减小了部分容积效应,但是信噪比会相应下降,并会影响图像分辨力,在这种情况下可以采用增加激励次数等措施来获得满意的诊断图像。

(2) 磁场均匀性与空间分辨力:磁场均匀性指在特定容积(通常为球形空间)限度内磁场的同一性,即穿过单位面积的磁力线是否相同。由于组织空间位置识别需要在原有静磁场的基础上叠加梯度场,而静磁场是不可能完全均匀的,因此对目标物体的空间体素的识别会有一定的误差,进而影响空间分辨力,降低图像质量。

六、低对比度分辨率

低对比度分辨率的大小反映 MRI 设备分辨信号大小相近物体的能力,即 MRI 设备的灵敏程度。无论对于 CT 还是 MRI,低对比度分辨率均是重要的质量评价参数。在医学上对一些中早期病变的诊断很有用,早期病变组织与正常组织的弛豫时间比较接近,成像设备灵敏会反映出它们的差异,不灵敏则会混成一体分辨不出。由于 MR 成像选择的多样性(质子密度、T1、T2 成像等),由不同物质得到不同参数图像的灰度是不一样的,因而很难找出一个通用体模对几种参数成像进行低对比度分辨率的检测。

第三节　磁共振质量控制与质量保证

磁共振质量保证和质量控制指在磁共振设备的选购、安装、调试和运行的过程中,严格按照要求进行规范化作业,使设备的各项指标和参数符合规定标准的技术要求,并处于安全、准确、有效的工作状态,以最优化地发挥设备的各种性能,为诊断疾病提供优质图像的系统措施。

一、质量保证的定义

质量保证是一个整体性概念,它包括了 MRI 医生的所有管理实施方案,以确保以下工作:①每一个成像步骤都是当前临床工作所需要的;②扫描的图像要包含解决此问题所必需的信息;③记录的信息得到正确的解释(诊断报告的准确),并被患者的主管医生及时获得;④检查结果的获得应尽可能减少患者可能发生的意外、花费及患者的不便,且同时满足上述第 2 条的要求。

二、质量保证的范围

质量保证计划包括很多方面,如功效研究、继续教育、质量控制、预防性维护和设备检测。QA 程序的首要部门是质量保证委员会(quality assurance committee,QAC),此组织负责 QA 程序的整体规划、设定目标和方向、制定规章、以及评估质量保证活动的效用。QAC 应该由一个或多个放射医师、合格的医学物理师/MRI 技术专家,MR 技术主管人员和护理 MRI 患者等的其他放射科工作人员,也包含护士、文秘、医疗助理,甚至还有放射科以外的医疗和后勤人员,如相关的临床医师等。总之,只要有助于 MRI 成像、研究、向患者提供帮助的任何人,由于他们的努力会对患者的护理质量和满意度产生积极影响,都应当看作是 QAC 的一员。

三、质量控制的定义

质量控制是质量保证的一个主要部分。质量控制是指一系列不同的技术程序,可以保证得到高质量的诊断影像,其包括以下 4 个步骤:①验收检测,对新安装或进行大修的设备检测;②设备基准性能的建立;③发现并排查设备性能上的改变,以免影响影像质量;④核准使用设备性能产生异常的原因并加以校正。

验收检测应该在扫描患者之前和大修之后进行。大修包括替换或维修以下子系统部件:梯度放大器、梯度线圈、磁体、射频放大器、数字板和信号处理电路板。基本的检测应该在整个 MRI 系统和附属的子系统之上进行,比如修理、替换或升级射频线圈。

四、MRI 质量保证程序手册

作为一个团队,放射医师、质量控制技师和医学物理师/MRI 技术专家,应该发展并遵循适用于所有成员的 MRI 质量保证程序手册。MRI 的质量控制手册所描述的质量控制检测,应该是各个医院 MRI 质量保证程序手册核心部分。此外,程序手册应包括:

(1) 明确 QA/QC 检测的规定职责和进行过程;

(2) 质量控制技师和医学物理师/MRI 技术专家最近完成的质量控制检测记录;

(3) 对 MRI 操作技师的指导程序的描述(应包括进行时间和内容);

(4) 设备的正确使用和维护程序;

(5) 应用的 MRI 技术,包括关于体位、线圈、脉冲序列和注射对比剂等有关信息;

(6) 有关保护患者和设备操作技师免受不必要的 MRI 强磁场,脉冲磁场、梯度脉冲和射频脉冲等影响的预防措施；

（7）记录的正确保留，包括质量控制和质量保证检测，设备修理、维护记录，以及质量保证会议记录等；

（8）MRI 系统及附属设备的清洁和消毒灭菌程序。

五、放射医师的职责

1. 放射医师（主管放射医师）在 MRI 质量控制方面的特定职责

（1）确保技师具有充分的 MRI 方面的培训和继续教育。

（2）向 MRI 技师提供以程序手册为基础的指导性程序。

（3）确保质量控制程序对本单位所有的 MRI 工作有效。主管放射医师应向质量控制程序的所有方面提供监督和指导作用。

（4）选择一名技师作为主要质控技术人员，执行预定的质量控制检测。

（5）确保适当的检测设备和材料应用于执行技术人员的 QC 检测。

（6）安排员工和时间表以便有充足的时间进行质量控制检测、记录和解释结果。

（7）定期向技术人员反馈有关临床影像质量和质量控制步骤的正、反面信息。

（8）选择一名医学物理师管理 QC 程序及执行物理师的检测工作。

（9）至少每三个月回顾一次质控技术人员的检测结果，如果还未获得稳定的结果，则应更加频繁；每年检查一次物理师的检测结果，如果需要应更加频繁。

（10）监督或指定一个受过专业培训的人，管理工作人员、患者以其周围公众的安全防护程序。

（11）确保下工作人员资格认证，MRI 原始记录和程序、质量控制、安全和防护相关的记录正确保存。

2. MRI 诊断医师在质量控制中的职责

（1）当解释质量低劣的影像时，遵循本机构的校正程序；

（2）参与本机构的医疗改进计划；

（3）根据当地规程，提供本机构当前的资格认证资料。

3. 相关的质量保证

除此之外，放射医师应参与到质量保证过程中来评价 MRI 报告的质量。

4. 放射医师在 MRI 质量控制中的领导责任

（1）从事 MRI 的放射医师必须对本机构 MRI 质量和有效执行质量保证程序负有首要责任。当团队完成高质量工作时，通常能反映出放射医师的尽职尽责。从事质量控制检测的人员需要知道，放射医师懂得质控程序且对结果感兴趣。放射医师需要回顾检测结果和阶段性趋向，在发现问题时提供指导。

（2）放射医师必须确保有充足时间应用于质量控制程序，大部分检测需要很短时间，但必须有必要的时间列入每天的时间表。

（3）为了保证质量控制检测执行的稳定性，必须为每个 MRI 系统选择固定的技术人员。在一组技术人员中轮流承担的做法是不可取的，它会对所测项目引入外来的变量结果。

（4）一名医学物理师/MRI 技术专家（或一位称职的人员）应该管理每一台 MR 设备的

质量控制程序,执行作为医学物理师质量控制检测所规定的测量,以及监督 MRI 技师的质量控制工作。在缺少医学物理师/MRI 技术专家的地方,放射医师应承担监管 MRI 质量控制程序的工作。

（5）放射医师要最终负责在其指导下产生的照片质量,同时承担 MRI 正确的质量控制检测和质量保证程序的最终责任。

六、其他专业人员的职责

1. 医学物理师/MRI 技术专家的职责

医学物理师/MRI 技术专家的职责与设备的性能息息相关,包括图像质量和患者安全。整个 MRI 设备性能检测应在设备安装好进行,且至少每年一次,医学物理师/MRI 技术专家应在大修或升级 MRI 系统后重新进行相应的检测。具体检测包括:

（1）磁场均一性评价;

（2）层位的精确度;

（3）层厚的精确度;

（4）射频线圈检测,包括信噪比和图像增强的一致性;

（5）层间射频信号干扰(层间交叉对话);

（6）MRI 图像相位稳定性;

（7）软拷贝显示。

医学物理师/MRI 技术专家负责基本质量控制检测,并为技师质量控制计划制定一个参数标准,它将具体应用于操作界限的确定,这个范围是在图像质量出现特定问题进行检测时,获得的具体参数值而定的。在每年的检测过程中,医学物理师/MRI 技术专家也要检测质量控制技师完成的每天和每周的质量控制任务记录,按照这个检测和以上检测结果,就质量控制过程中的设备性能或状况,就可以得到初步评价。

2. 购买说明书和验收检测

大多数 MRI 厂商销售的产品千差万别,价格不一,质量也是参差不齐,但是由于 MRI 设备的复杂性,在购买前评价其质量可能有些困难。新设备的质量可通过销售说明书看出来,销售说明书是卖方根据买方的需要编写出来的,它一般要求卖方在买方挑选设备之前,提供详细的技术和性能说明,这种卖方提供的销售说明书可以帮助挑选设备,同时作为一系列的技术说明,可以和验收检测时相比较。MRI 设备只有验收检测性能满意才能签收。验收检测要比质量控制计划严格得多,应由经验丰富的医学物理师/MRI 技术专家来完成。本手册制定质量控制计划的目的就是在设备验收投入临床应用后,记录其性能的稳定性。

3. MRI 质量控制技师的职责

MRI 质量控制技师的职责是围绕图像质量而定的,更具体地说,技师影响图像质量的因素,有患者的体位、图像的扫描、存贮及胶片的打印。放射技师完成的具体质量控制程序有:

每天:

——准确设置和定位;

——轴位图像数据:预扫描参数;

——图像数据检测；

——几何图形精确性检测；

——空间分辨率检测；

——低对比剂可探测性检测；

——图像伪影分析。

每周：

——硬拷贝（胶片）图像质量控制；

——查看物理机械检查项目。

技师质量控制检测频率见表 8-1。随后还有建议最短周期。如果经常检测出问题，如果设备不稳定或系统刚经过大修或升级，就需要将某些程序检测更频繁。

表 8-1　技师质量控制最短检测频率表

程序	频率	花费时间/min
中心频率	每天	1
床定位精度	每天	3
安装及扫描	每天	7
几何形状的精度	每天	2*
高对比度分辨率	每天	1
低对比度分辨率	每天	2
伪影分析	每天	1
胶片质量控制	每周	10
可视性检测	每周	5

* 表示可与其他检测同时进行。

质量控制技师应掌握一系列设备的质量控制程序。使用同一个人进行质量控制检测，以保证测量上的稳定性和对初始问题的高度敏感性。但这并不意味着一个技师必须完成所有设备的质量控制检测。可以采用不同的人负责各自设备上的质量控制。当指定的质量控制技师在某设备上检测未能完成时，质量控制检测应仍按计划由其他技师完成。为了保证质量控制工作性能不受个人工作习惯的影响，需培养一定数量的质量控制技师。

质量控制记录本应及时记录质量控制过程和结果。设备不同，质量控制记录本的内容也会有差别，它取决于医院的大小，管理组织形式和质量控制队伍的喜好。小型设备可能只需单一的记录本，大型设备常常需要为每个独立的设备单元单独准备记录本。但总体来说，质量控制记录本应包括以下内容：

——叙述医院质量控制规定和程序的章节；

——记录每台设备质量控制程序结果的数据格式；

——记录质量控制问题及其校正方案。

质量控制记录的数据至少每年要给医学物理师/MRI 技术专家或放射医师管理人员进行检查、回顾，目的在于是否有影像质量问题被忽视，验证质量控制程序是否按计划表上推荐的最小周期进行。

第九章 医用磁共振成像设备的检测

第一节 磁共振应用质量检测设备

一、磁共振成像设备性能检测设备

1. Magphan SMR 170 性能测试体模

Magphan SMR 170 是美国体模实验室研制的 MRI 性能测试体模(图 9-1)。其结构紧凑小巧,便于携带,层厚和定位测试方便合理,已得到绝大多数 MRI 生产厂家认可。可以检测的主要技术指标有:信噪比、空间分辨率、密度分辨率、层厚、几何线性、图像均匀性、层间隙、T1 值、T2 值等。

2. ACR 性能测试体模

ACR 体模(图 9-2)由美国放射学院研制,目前美国磁共振设备大都使用该体模及其相关测试方法。可以检测的主要技术指标有:空间线性、空间分辨率、层厚、层面定位、图像均匀性、伪影、低对比分辨率。

图 9-1 Magphan SMR 170 体模

图 9-2 ACR 体模

3. Vitoreen 76-903 MRI 多功能测试体模

Victoreen 76-903 MRI 多功能测试体模是美国原子能协会研制的 MRI 多功能测试体模(图 9-3)。体积较大,测试范围大,可以检测的主要技术指标有:信噪比、空间分辨率、层厚、几何线性、图像均匀性、层间隙、T1 值、T2 值等。

图 9-3   Vitorreen 76-903 体模

二、静磁场强度及均匀度检测装置

1. THM1176 型磁场强度测试仪

THM1176 型磁场强度测试仪是由瑞士 Metrolab 公司生产的一种便携式、低功耗的磁场强度测试仪，具有一个独特的三维方向的霍尔效应探测器，可以对磁共振磁场环境、永磁场、等高斯线、磁屏蔽进行测试，测试范围是 0 T～3 T，精度为 ±1%（图 9-4）。

图 9-4   THM1176 型磁场强度测试仪

图 9-5   PT2025 型磁场强度测试仪

2. PT2025 型磁场强度测试仪

PT2025 型磁场强度测试仪是由瑞士 Metrolab 公司生产的一种高精度的专业性多通道大量程的磁场强度测试仪（图 9-5）。可以采用 8 个通道同时进行测试，测试范围可以从 0.043 T 到 13.7 T，精度可以达到 10^{-7} T。具有强大的自动搜索功能，可以在选定的量程范围中自动锁定信号，测量极为方便。

第二节   磁共振图像应用质量参数的检测原理和方法

医用 MRI 设备的质量保证工作主要是图像质量评价及参数的常规检测。需要检测的主要项目一般有信噪比（SNR）、图像均匀性（uniformity）、线性度（linearity）、空间分辨率

(spatial resolution)、层厚(slice thickness)和密度分辨率等。下面分别介绍 MRI 图像质量评价参数的检测体模、原理和方法。

一、信噪比

信噪比有图像的信噪比和系统某部分信噪比之分,系统某部分的信噪比是由其电路特性和元件特性决定的。在质量保证检测过程中主要指的是由图像测得的数据计算得到的信噪比,而不是测量某部分功能区的信噪比。由图像计算得到的信噪比是对整个 MRI 系统信噪比的综合反映。

1. 定义

图像的信噪比指图像的信号强度与噪声强度的比值。它是衡量图像质量的重要指标,它与结束线圈的几何形状、线圈的品质因素、检测体的温度、静磁场强度(拉莫尔频率)、样品弛豫时间以及脉冲序列等多种因素有关。针对研究的对象不同,有不同的表达式,这里仅作简要介绍。

(1) 二维图像信噪比(伍德 SNR 表达式)

二维图像的信噪比与层厚大小、采集矩阵大小、激发次数等成正比,与接收带宽平方根成反比。可用公式(9-1)表示:

$$
\begin{aligned}
SNR &= k(\Delta z)\left(\frac{D_x}{N_x}\right)\left(\frac{D_y}{N_y}\right)\sqrt{\frac{N_{ex}N_xN_y}{BW_{rec}}} \\
&= k(\Delta z)\frac{FOV}{\sqrt{N_xN_y}}\sqrt{\frac{N_{ex}}{BW_{rec}}}
\end{aligned}
\tag{9-1}
$$

式中:

Δz——层面的厚度;

D_x、D_y——分别代表读出梯度方向和相位编码方向的视野;

k——机器常数;

N_x、N_y——分别为采集矩阵的列数和行数;

N_{ex}——激励次数;

BW_{rec}——接收带宽。

公式(9-1)假定了被激发的体积内组织是均匀的,弛豫行为是相同的。可估计参数组合变化对信噪比的影响。层面厚度减小可提高沿该方向的空间分辨率,但受到图像信噪比的限制。减小像素大小(减小视野或增大矩阵)也可提高空间分辨率,但同样受到图像信噪比的限制。增加激发次数,信号强度可增加 N_{ex} 倍,而噪声因为不相关,只增大 $\sqrt{N_{ex}}$ 倍,因此,信噪比提高 $\sqrt{N_{ex}}$ 倍,所付出的代价是扫描时间延长了 N_{ex} 倍。

总之,提高空间分辨率受到信噪比的限制。当信噪比下降到不能容忍,空间分辨率达到极限时,要进一步提高空间分辨率,又要维持可接受的信噪比,用户可选择的途径之一是增加激发次数,但付出的代价是成像时间的延长。在动态功能成像中,时间分辨率和空间分辨率是互相制约的。这种矛盾在改进硬件(提高 B_0,或用表面线圈、相位阵列线圈等)、提高灵敏度(本征信噪比)的条件下可得到一定程度的解决。

(2) 信噪比对场强的依赖性(豪尔特-劳特伯表达式)

可达到的最大信噪比是由外场强度值决定的。公式(9-2)表明信噪比与共振频率的平方及射频场强度成正比。

$$SNR = \frac{\omega_0^2 B_1}{\sqrt{\alpha \omega_0^{1/2} + \beta \omega_0^2 B_1^2 b^5}} \qquad (9-2)$$

式中：

ω_0——共振频率；

B_1——射频磁场强度；

$\alpha \omega_0^{1/2}$——线圈的趋肤电阻形成的热噪声；

$\beta \omega_0^2 B_1^2 b^5$——人体生理噪声。

2. 体模要求

信噪比的检测要求使用均匀体模。头线圈体模直径一般不小于 10 cm，体线圈体模直径一般不小于标称面积的 80%，其他线圈体模直径一般按照厂家的要求选取大小。

3. 测量方法

（1）测量方法一（一幅图像测量法）

用选定好大小的感兴趣区（ROI），在图像中央和周围背景区域测量信号强度和标准偏差。由公式（9-3）求出图像的信噪比。注意，如果 ROI 内有较明显的伪影，则不能进行信噪比的测量。因为此时伪影会影响到图像的均匀度，信噪比的测量会随测量区域的不同而不同。

$$SNR = \frac{S - S'}{SD} \qquad (9-3)$$

式中：

S——图像中央区域测量的信号强度；

S'——周围环境区域测量的信号强度；

SD——中央区域的信号标准偏差。

（2）测量方法二（两幅图像测量法）

计算图像信噪比还有另一种方法，它对信号强度和噪声的处理是不一样的。方法一是对样品数求平均数；而方法二不仅对样品数求平均，还对测量次数求平均。它利用两次扫描序列，要求第一次扫描结束到第二次扫描开始时间延迟小于 5 min，确定图像中央区域 ROI 内的平均强度 S，并得到两幅图像的差值图像，见公式（9-4）。

$$图像 1 - 图像 2 = 图像 3 \qquad (9-4)$$

在同样的 ROI 内测量图像 3（相减得到的图像）的标准偏差记为 N（噪声），信噪比见公式（9-5）。

$$SNR = \sqrt{2}(S/N) \qquad (9-5)$$

4. 影响因素分析

以上这两种方法均可用于测量信噪比，计算结果可能会有差异，但不会对测量结果造成太大影响。如果计算得到图像信噪比低导致图像质量很差，应主要考虑以下几个因素。

（1）设备校正

对于不同的 MRI 设备，其体系结构是有差异的。如发射线圈和接收线圈不是严格正交，可能会有射频场功率从发射线圈泄漏到接收线圈中，接收到的信号幅度会小而噪声变化不大，因此信噪比降低。

（2）线圈调节

使用不同线圈都需要重新调谐 MRI 设备，使系统处于谐振状态。如调谐不准，信噪比会降低。有的线圈本身灵敏度不好，信噪比也不会高。

（3）射频屏蔽

MRI 设备受外界影响较大，如汽车、电视等电器均会对 MRI 的磁场产生影响。所以 MRI 设备摆放在屏蔽室内，以减少外界的影响。如果屏蔽效果不好，外界电磁波的干扰会破坏磁场的分布，使得图像产生许多伪影并降低信噪比。对屏蔽室的检测是在 MRI 安装期间进行，在使用过程中保持屏蔽室的物品符合要求和屏蔽门的卫生及设备电缆走线的准确性。

（4）成像序列和参数设置

信噪比还与成像序列和一些参数的设置有关。参数设置包括时间参数、层厚、矩阵、FOV、扫描层数、采集平均次数等。例如，对于自旋回波序列，TR、TE 的设置一定要在该设备的推荐值左右，TE 大小不合适直接影响接收到的信号，从而影响信噪比，所以在 MRI 成像时，参数设置应合理，使图像的信噪比达到要求。

（5）增益及其他

如果设备增益太小，信噪比必然会降低。因此一般应保持增益在设备的建议水平。在必要情况下，可适当增加增益以提高信噪比。有其他原因时，应仔细检查 MRI 设备，进行必要的维修保养，使信噪比达到要求。

5. 检测要求

信噪比的检测对所有的线圈都要进行，但对于常规的日常检测可只对常用的线圈进行检测。

二、图像均匀度

1. 定义

图像均匀度是指磁共振所成图像的均匀程度。它描述了 MRI 系统对体模内同一物质区域的再现能力。

2. 体模要求

图像均匀性检测使用的体模与检测信噪比使用的体模一样，均匀体模的大小要合适。

3. 测量方法

对均匀体模成像以后，在图像上不同区域测量信号强度，测量区域的选择要能较全面反映图像的均匀程度，但不要太靠近边缘。如果知道 MRI 设备的图像数据结构，可利用软件对图像均匀度作整体分析。一般情况下由于不知道图像数据结构，只能从 MRI 设备上得到某些区域的信号强度测量值，由测量值进行计算得到均匀度的计算结果。所以在实际的检测中可对体模均匀区域进行选区，由各个区域的值得到均匀度。

图像均匀度是比较不同区域信号强度测量值的差异，所以可对测量值进行统计分析得到它们的标准偏差和均值，但这很难直观地反映图像的均匀程度。APPM 报告给出的均匀度计算公式为式（9-6），其最大值为 1，表明图像均匀度好，最小值为 0，表明图像均匀度很差。

$$U_\Sigma = (1 - \frac{S_{max} - S_{min}}{S_{max} + S_{min}}) \times 100\% \tag{9-6}$$

式中：

U_Σ——均匀度；

S_{max}——所测区域中信号最大值；

S_{min}——所测区域中信号最小值。

在计算图像均匀度时，信噪比可能会成为图像均匀度的限制因素，为减少噪声的影响，可使用九点低通滤波，低通滤波 $h(m_1, m_2)$ 使图像的噪声降低，但是会使图像的分辨率损失。滤波图像为公式（9-7）。

$$s(n_1, n_2) = \frac{1}{W} \sum_{m_1=-1}^{1} \sum_{m_2=-1}^{1} h(m_1, m_2) s(n_1 - m_1, n_2 - m_2) \tag{9-7}$$

式中：

n_1, n_2——图像上的像素；

W——滤波算子，值为 16。

图像经低通滤波后，高频成分受到限制，边界模糊，整体性加强，从而使得均匀度得到提高。如果成像对均匀性要求高，应进行低通滤波观察图像；如果对均匀度要求不高，而对分辨率要求高，就不要使用低通滤波，而是使用高通滤波以使图像边缘锐利。

4. 影响因素

（1）静磁场

如果静磁场本身均匀性不好，算法上又没有适当的修正，均匀度必定会差，因为它改变了不同位置原子核的共振频率，造成成像区域的不均匀。实际检测中发现静磁场是限制图像均匀程度的最主要因素。

（2）射频线圈与射频场

对射频线圈的要求是能够产生强度合适、时间准确的射频脉冲，它的好坏直接影响图像质量。如果所加射频场不均匀，即射频场的幅值发生变化，使得不同时刻的共振信号有差异最终导致图像的均匀度不好。

（3）涡流效应

涡流产生的瞬时磁场方向与梯度场方向相反，影响梯度场的相位编码。如果涡流补偿不足，会产生各种伪影，影响均匀度并使信噪比降低。

（4）梯度脉冲

如果梯度脉冲校准不好，会影响层面的选择和频率方向编码与相位方向的编码，使得图像出现伪影，影响均匀度。

（5）穿透效应

当射频脉冲能量很高时，会发生穿透效应，使得图像不同区域接收到的信号有差异，从而影响均匀度。

5. 检测标准和要求

APPM 组织要求均匀度一般大于 80%。如果设备做验收检测则依据厂家的说明值。但实际检测发现均匀度与磁场强度有很大关系，不能用一个标准来评价所有的 MRI 设备。

三、线性度

1. 定义

图像的线性度又称几何畸变,指物体图像的几何形状或位置的改变程度。它体现了 MRI 重现物体几何尺寸的能力。图像的线性不好,即所得图像有几何扭曲,不能真实反映成像物体的几何结构。

2. 体模要求

线性度检测需要体模里有已知距离的点。在实际的要求中,要求间距有几个档次,距离有大有小且是多方向的。

3. 测量方法

对于磁共振图像,一般要从两个方向(即水平频率编码方向和竖直相位编码方向)测量图像线性度。要求测量多组数据进行平均得到图像线性度的测量结果。这是因为 MRI 设备不同于 CT、X 射线机等成像设备,它反映真实物体的距离是靠线性梯度场来实现的,图像平面的两个方向是受不同梯度场(频率编码梯度场、相位编码梯度场)控制的。一般用畸变百分率表示图像线性的好坏,这是因为畸变越大图像线性越差,畸变越小图像线性越好。畸变百分率能较好地反映图像线性度的好坏。畸变百分率的定义见公式(9-8)。

$$\left| \frac{L_R - L_M}{L_R} \right| \times 100\% \tag{9-8}$$

式中:

L_R——实际距离;

L_M——测量距离。

4. 影响因素

如果梯度场缺陷较大,使相位编码和频率编码出现误差,从而产生几何失真。当静磁场不均匀时,不同点的共振频率不同,也可导致线性失真。

5. 检测标准

根据 APPM 的要求,一般要求畸变百分率<5%。

四、层厚

1. 定义

层厚是 MRI 系统的一个重要参数,是指成像面在成像空间第三维方向上的尺寸,表示一定厚度的扫描层面,对应的是一定范围的频率带宽。

2. 体模要求

测量层厚使用的体模有多种,有楔形、交叉斜面型、阶梯型等多种体模。无论选用哪种体模,它必须能把梯度场选层的结果间接地用图像体现出来。

3. 检测方法

利用某些特殊结构所成图像得到层厚,既可以利用层面的剖面线(slice profile)的最大半高宽(FWHM)得到层厚,也可以在窗宽、窗位调节好的情况下直接测量层厚。对于不同的结构,使用的方法也会有所不同。

（1）两交叉结构

对于两交叉结构,层厚 FWHM 的表达式为式（9-9）。

$$\text{FWHM}=\frac{(a+b)\cos\theta+\sqrt{(a+b)^2\cos^2\theta+4ab\sin^2\theta}}{2\sin\theta} \tag{9-9}$$

式中,a,b,θ 如图 9-6 所示。

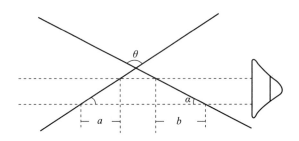

图 9-6　两交叉斜面倍号强度剖面线与 FWHM 关系

测量 a,b 有不同的方法,一种是直接测量图像上相应结构的长,另一种是利用层面剖面线测量。把测量值和已知条件代入公式计算 FWHM,即为层厚。

（2）单一斜面结构

对于单一斜面结构,可利用几何关系测量层厚或者利用更精确的方法如微分求导寻找边界点测量层厚。有的斜面不是给出的角度值,而是给出放大因子,对于其他结构,原理基本相同,计算上可能稍有不同。如图 9-7 所示。

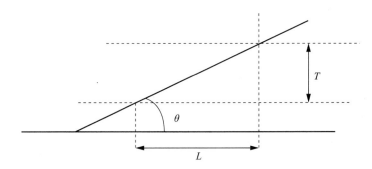

图 9-7　单一斜面结构侧后测试示意图

层厚计算按公式（9-10）。

$$T=\tan\theta\times L \tag{9-10}$$

式中：

T——层厚；

L——在图像中测量的实际值。

由斜面测量得到的层厚及扫描层厚与斜面厚度有关,即层厚测量有误差。Mark Selikson 等人经过研究证明层厚测量误差见式（9-11）和式（9-12）。

$$\Delta_1=(2\sqrt{\sqrt{2}b/a-b^2/2a^2}-b\sqrt{2}/a-1)\times100\% \qquad (b>0.565a) \tag{9-11}$$

$$\Delta_2=b/2\sqrt{2}a\times100\% \qquad (b<0.565a) \tag{9-12}$$

式中：

b——斜面厚度；

a——FWHM。

4. 影响因素

（1）梯度场

Z 方向梯度场与选层脉冲一起选择成像平面。所以 Z 方向梯度场的性能直接影响选层的效果。Z 方向梯度场与选层脉冲的作用时间一定要配合好，如果梯度场时间控制不当，则产生选层误差。梯度场的上升和下降时间要尽量短，如果时间长，选层误差会增大。

（2）射频场

射频场有缺陷影响接收通道的信号，使得在层面内的信号不均匀，导致层厚出现误差。

（3）静磁场

静磁场非均匀性使得共振信号有误，从而影响层厚。

（4）选层脉冲

如果选层脉冲非共面，在选层过程中层面会偏离预定选层，导致层厚误差。

5. 检测标准和要求

AAPM 要求层厚误差<20％。对于选层很小时，误差要求可适当放宽。测量层厚的方法本身具有的误差相对较大，再加上系统本身的误差，因此，对于层厚的误差可允许大一些。

五、空间分辨率

1. 定义

空间分辨率反映 MRI 系统在高对比度下对微小物体的分辨能力。空间分辨率高则容易检测出微小的物体，在诊断时不易漏掉微小病灶，避免造成漏诊、误诊。

2. 体模要求

进行空间分辨率检测所使用的体模有多种。有的使用一系列间隔不等的柱阵用于成像，确定所能分辨开的最小间隔；有的使用扇形模块，确定能分辨开的最小间隔；还有人提出利用体模得到 MRI 设备的调制传输函数（modulation transfer function，MTF），计算空间分辨率。

3. 检测方法

空间分辨率的检测有直接的方法——目测。即对体模图像里的条状物进行可视评价，确定能分辨开的最小间隔。也可以用调制深度（percentage modulation）来表示空间分辨率。图像的空间分辨率不能超过由 FOV 和矩阵大小所确定的分辨率极限，如公式（9-13）。

$$\Delta\nu = \frac{S_{FOV}}{S_{Matrix}}l \tag{9-13}$$

式中：

S_{FOV}——FOV 的面积；

S_{Matrix}——扫描矩阵的面积；

l——扫描层厚。

（1）可视分辨检测方法

利用此方法检测空间分辨率所利用的体模，其内容物为一系列由大到小的柱阵、洞阵或线对卡。利用这种体模成像，观察图像上可分辨的列，一列中如果有可分辨清的、有分辨不清则认为不可分辨。这种方法只能确定能分辨到什么程度，能分辨开的最小间距则不知。为确定各个方向的空间分辨率，体模上要有几组阵列用于确定相位编码方向和频率编码方向的空间分辨率。

（2）计算可分辨开的最小间距确定空间分辨率

此方法与可视方法不同之处在于此法可以计算可分辨的最小间距。使用扇形（或星形）体模，在体模图像上找到模糊处到模型中心的距离，由此来计算可分辨的最小间距，体模如图 9-8 所示。可分辨间距为公式（9-14）。

$$\Delta\chi = L\theta \tag{9-14}$$

式中：

θ——扇形中楔形模块的夹角。

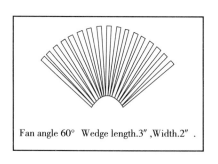

Fan angle 60° Wedge length.3″ ,Width.2″ .

图 9-8　星条形模型

但此方法对于可分辨清楚的位置的确定很困难，即 L 的确定困难，原因是可分辨的边界模糊，给测量带来误差。

（3）用调制深度计算空间分辨率

如所用体模为一系列间距不等的平行条形物，可利用调制深度进行分辨率评价，调制深度大于 50% 认为可分辨，小于等于 50% 认为不可分辨。

调制深度 PM 的计算按公式（9-15）。

$$PM\% = A/2B \tag{9-15}$$

式中：

A——2 倍信号波峰值；

B——信号的平均值。

A、B 如图 9-9 所示。

（4）利用调制传输函数（MTF）计算空间分辨率

MRI 设备 MTF 的计算与 X 射线机、CT 机比较起来要复杂些。人们最初计算 MRI 的 MTF 使用的是非线性的幅度重建图像。因为适用于线性系统，这导致了 MTF 的误差，因而不能反映备间分辨率。通过使用复数域图像，MTF 描述了整个图像形成过程的空间频率传输特性和相位传输特性，减少了 MRI 成像设备的 MTF 的伪影。使用复数域图像导致了双

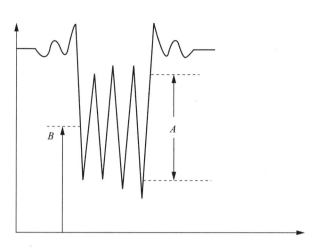

图 9-9 调制深度计算

边带的 MTF,分解了与正负回波信息相对应的正负相位编码和正负频率。一般使用 ESF(边响应函数)的方法计算 MTF,这是因为 ESF 的信噪比比线和点的信噪比都大。

MTF 可定义为式(9-16)。

$$\mathrm{MTF}(f) = \frac{\left| \mathrm{FT}\left[\mathrm{LSF}(x) \right] \right|}{\left| \mathrm{FT}\left[\mathrm{LSF}(x) \right]_{f=0} \right|} \tag{9-16}$$

式中:

LSF——线扩散函数,其定义按公式(9-17)。

$$\mathrm{LSF}(x) = \mathrm{dESF}(x)/\mathrm{d}x \tag{9-17}$$

式中:

ESF——边扩散函数;

x——空间位置信息;

f——空间频率信息。

利用调制传输函数计算分辨率的方法,在一般检测中可不用。因为其原理复杂,尤其不易为医院一般人员掌握。在进行研究时,常用其计算 MRI 的分辨率。

空间分辨率的检测应根据使用的具体体模的结构选择检测方法。如果有可能,最好使用空间分辨率检测结构多的体模,比如在一层面里有空、洞、条形物等,确定它们的检测结果是否一致(结构不一样可能会对检测结果带来影响)。在检测高对比度分辨率时,如有必要可对图像的某一部分进行简单放大观察,也可对图像进行高通滤波观察检测结果。

4. 影响因素

矩阵和 FOV 大小是图像分辨率的决定因素,可分辨最小间距不能小于像素大小。分辨率还与相位、频率编码有关的梯度场升降幅度变化有关。

六、低对比度分辨率

1. 定义

低对比度分辨率的大小反映 MRI 设备分辨信号大小相近物体的能力,即 MRI 设备的灵敏程度。无论对于 CT 还是 MRI,低对比度分辨率均是重要的质量评价参数。在医学上对一些中早期病变的诊断很有用。早期病变组织与正常组织的弛豫时间比较接近,成像设备灵敏会反映出它们的差异,不灵敏则会混成一体分辨不出。由于 MRI 成像选择的多样性(质子密度、成像等),由不同物质得到不同参数图像的灰度是不一样的,因而很难找出一个通用体模对几种参数成像进行低对比度分辨率的检测。低对比度分辨率的检测在欧美一些国家也还未完全成型,AAPM 对此也未作说明。在文献上几乎没有提及此项性能参数的检测。

2. 体模要求

由于 MRI 图像的信号强度与场强、体素大小、物质特性等因素有关。因此,在做低对比度检测时,可使用一些特殊的体模,只考虑成像区域信号产生物质的体积。因为对于特殊体模,许多因素对此结果差异产生的影响可不考虑,如磁场强度、线圈的 Q 值等。根据分析,所采用的体模为一些大小不一、深浅不一的圆洞,里面有相同的成像物质,避免了不同物质特性的不同,便于处理。

3. 检测方法

两区域信号强度的差异程度决定在图像上是否能分辨开两区域。因为低对比度分辨率反映了区分信号差异的能力。对于不同物质,由于成像参数不同很难确定它们的信号强度的差别。对同一信号物质,信号强度大小与成像物质的面积和深度等因素有关,测量区域大容易分辨,深度大容易分辨。所以为检测低对比度分辨率,可以利用前面所介绍的体模。体模使用说明上没有对低对比度如何检测做出说明,只是目视观察图像质量。

4. 影响因素

MRI 系统对物质信号的响应能力是决定低对比度分辨率的主要因素,低对比度分辨率还受伪影、信噪比和均匀度等多种因素的影响。

5. 检测标准

对于低对比度分辨率的要求一般根据厂家提供的说明进行判断,国际上还未对此参数给出测量方法和标准的说明。

七、层间隙

1. 定义

层间隙是指两个相邻层面之间的距离。在 MRI 中,成像层面是由选择性的射频激励脉冲所选定的,常用的 RF 脉冲有高斯脉冲和 sinc 函数脉冲等。在理想的情况下,只有层面内的质子被激励,但由于梯度的线性、RF 脉冲的选择性等因素的影响,层面附近的质子往往也会受到激励,这一效应有可能导致层与层间信号的相互重叠,进而降低有效的空间分辨率,出现所谓层间交替失真。

2. 体模要求

需使用具有交叉斜面型测量层厚的体模。

3. 检测方法

设置一个多层扫描序列,使相邻两层之间的距离是 0 mm,将第一层的末端设成扫描平面的中心,进行多层扫描。

第三节　Magphan SMR170 性能体模检测方法

由于各个医院所配备的 MRI 质量控制检测模体有所不同,有的医院尚无专用性能模体,故下文基于符合 AAPM 技术标准的 MRI 性能检测模体(以下简称 SMR170 模体)的检测方法或符合 ACR 技术标准 MRI 性能检测模体(以下简称 ACR 模体),使用其他性能模体可参照执行。

一、定位与扫描

检测时,首先进行模体的定位。把模体水平放置在扫描床上已装好的头部线圈内,测试模体置于线圈中间,用水平仪检查是否水平,其轴与扫描孔的轴平行,定位光线对准模体的中心,并将其送入磁体中心。

SMR170 模体矢状位定位像,如图 9-10 所示,横断位断层分别检测 MRI 的均匀性、几何畸变、空间分辨力、低对比度和层厚。

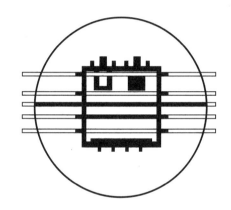

图 9-10　SMR170 模体矢状位定位像(示例)

检测通常采用自旋回波序列扫描,具体参数为:TR/TE 为 500 ms/30 ms,扫描矩阵 256×256,层厚为 5 mm,扫描野 FOV 为 25 cm,接收带宽 BW=20.48 kHz 或 156 Hz/pixel,采集次数为 1 次,不使用并行采集技术及失真校正、强度校正等内部校准技术。详细记录下列检测条件参数:

(1) 脉冲序列;

(2) 扫描时间参数(TR、TE、TI 等);

(3) 层数、层厚、层距、FOV、矩阵;

(4) RF 脉冲触发角度、接收带宽和成像中所用的任何处理过程等;

(5) 线圈、模体;

(6) 激励次数。

注意:每次检测的模体摆放和定位要一致,才能保证检测结果的一致性。除非特殊需要,所有的模体应放置在磁场的绝对中心,模体进入磁体中心后一定要静置 5 min 后,才可以进行扫描。

二、检测项目和检测方法

1. 中心共振频率

所有 MRI 都要自动进行中心共振频率校正,自动检测共振频率,在相应界面上找到此次所检测的共振频率 f 将之与上次检测所得的共振频率 f_{prev},用公式(9-18)计算中心共振频率偏差 δ_f,连续两天的中心共振频率偏差应不大于 2×10^{-6}。

$$\delta_f = \frac{|f - f_{prev}|}{f_{prev}} \times 100\% \tag{9-18}$$

2. 射频发射增益

启动 MRI 自动发射增益校正功能,从相应界面上记录所显示的射频发射增益。特定线圈特定模体的射频发射的增益/电压变化不超过基线值的 $\pm 10\%$。否则提示射频通道存在问题,需要停机检修。

3. 信噪比

采用"均匀信号"检测模块层的扫描层面(以下简称均匀层面)(图 9-11),测量在图像中央覆盖图像 $75\% \sim 80\%$ 区域的信号平均值,噪声为周围无伪影背景区域信号强度的标准偏差,由公式(9-3)计算得出图像的信噪比,其值应不低于基线值的 95%。

对于特定线圈,每次测量必须使用相同模体,相同扫描序列及参数,每次测量条件尽可能一致,值得注意的是不同的测量方法所得到的信噪比结果不同,检测时应注明测量方法和测量条件。

本测量方法适合于容积线圈的信噪比测量,若测量表面线圈,应该对所用线圈分别进行测量,测量表面线圈的信噪比应该使用特定的模体,信号区域的选择在最大强度信号的区域,并且每次测量时定位要准确一致,保证每次测量的一致性。

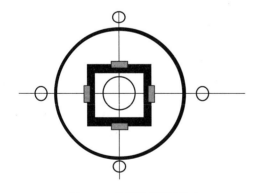 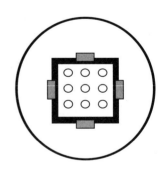

图 9-11　信噪比测量层面　　　　　图 9-12　图像均匀度测量层面

4. 图像均匀度

使用检测信噪比的自旋回波序列及参数,用头线圈采集信号。

选择一个均匀层面(图 9-12),在正方形图像内部均匀选取 9 个 ROI,每个 ROI 面积接近且 $200~mm^2$,记录每个 ROI 的信号强度 S,由公式(9-6)计算得到图像均匀度。其值应不低于基线值的 95%(对于 FOV 为 200 mm 的测量时,其整体均匀性应大于 80%)。

5. 空间分辨力

SMR170 模体"空间分辨力"检测模块层的结构示意如图 9-13 所示。

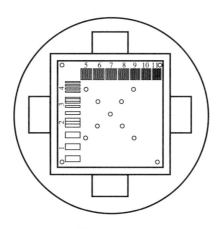

图 9-13　SMR170 模体空间分辨力测量图像(示例)

显示时把窗宽调到最小,调节窗位使细节显示最清楚,用视觉确定图像中能分辨清楚的最大线对数,即空间分辨力。

6. 空间线性(几何测量精度)

采用专用性能模体的"空间线性"检测模块层的扫描图像检测(图 9-14)。测量空间分辨率图像中的小孔间的间距(主要是横纵方向、交叉方向),并与实际的距离比较,用公式(9-8)来计算。

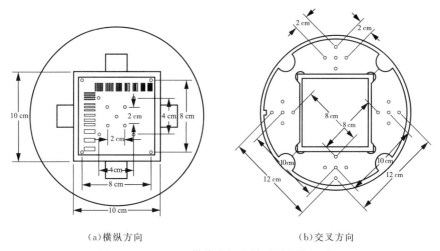

　　(a)横纵方向　　　　　　　　　　(b)交叉方向

图 9-14　SMR170 模体空间线性测量图像(示例)

7. 层面的层厚

SMR170 模体的"层厚"检测模块层进行检测,其结构如图 9-15 所示。

调小窗宽,调高窗位,直到斜置像消失,这时的窗位值就是斜置带图像的最大值 L_1;在斜置带图像附近选择一个 ROI,其像素值是 L_2;把窗位值调到 $(L_1+L_2)/2$;测量斜置带图像的宽度,即得到 FWHM;计算层厚 $T(T=\text{FWHM}\times0.25)$,与层厚设置值比较计算层厚误差。

标称层厚≥5 mm 时,其误差不超过±1.0 mm;2 mm≤标称层厚<5 mm 时,其误差不

超过±0.5 mm。其值应不超过±20%。

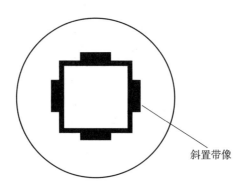

图 9-15 SMR170 模体层厚检测层面(示例)

8. 对比度分辨力

SMR170 模体对比度分辨力检测模块结构设计如图 9-16 所示,模块有四组圆孔,孔深分别为:0.5 mm、0.75 mm、1.0 mm 和 2.0 mm,每组有三个相同深度的孔,其直径分别为:4 mm、6 mm 和 10 mm。

检测时,同时调节窗宽和窗位,使细节显示最清晰,用视觉确定能分辨的深度最小和直径最小的圆孔的像,即为低对比度分辨力。

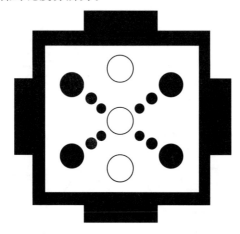

图 9-16 SMR170 模体低对比度分辨力检测(示例)

9. 相位编码伪影测量

在均匀性测试图像的相位编码方向上用圆形 ROI(约 200 mm²)测量最边缘区域的像素平均值,记为 p;再用相同的 ROI 测量图像四个角上的平均值,记为 Q;用图像尺寸的75%的矩形 ROI 测量中心区域的像素平均值,记为 R,用公式(9-19)计算相位编码伪影 W(图 9-17)。

$$W = \left(1 - \frac{R - |p - Q|}{R}\right) \times 100\% \tag{9-19}$$

10. 主磁场强度

将磁场强度计的探头置于磁体中心区域,读取磁场强度计示值,重复测量 3 次。按公式(9-20)计算磁场强度误差。

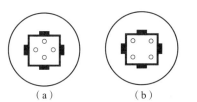

（a）　　　　　　　　（b）　　　　　　　　（c）

图 9-17　SMR170 模体相位编码伪影检测（示例）

（a）测量最边缘区域的像素平均值示例图；（b）测量图像四个角上的平均值示例图；（c）测量中心区域的像素平均值示例图

$$\Delta_B = \frac{T_0 - T}{T} \times 100\% \tag{9-20}$$

式中：

Δ_B——磁场强度误差；

T_0——MRI 标称磁场强度；

T——磁场强度计 3 次测量值的平均值。

测量时，MRI 无需扫描，但磁场强度计主机离 MRI 磁场发生部分足够远，以免影响磁场强度计的正常工作或使用安全。

11．检测记录与结果处理

在进行检测时应有详尽的记录，检测记录格式参见附录。

检测结果处理：日检测的结果填写在磁共振每日质量控制检测记录表中。如果发现检测结果不合格，技术人员应立即上报临床医学工程师，根据情况做相应检修处理，必要时请生产或维修厂家解决，直到设备性能符合要求才能用于临床检查。年度检测由上级检测机构或相关计量检测机构完成。

第四节　ACR 性能体模检测方法

一、定位与扫描

检测时，首先进行模体的定位。把模体水平放置在扫描床上已装好的头部线圈内，测试模体置于线圈中间，用水平仪检查是否水平，其轴与扫描孔的轴平行，定位光线对准模体的中心，并将其送入磁体中心。

定位后，进行三平面定位像的扫描，由所得到的三平面定位像确定经过模体中心的矢状位扫描，由所得的矢状位图像确定对模体各横断位断层的扫描。ACR 模体在矢状位上定轴位时，从ACR 模体最下端 45°楔形边相交的顶点开始，到最上端 45°楔形边相交的顶点结束，按照规定扫描 11 层（图 9-18）。

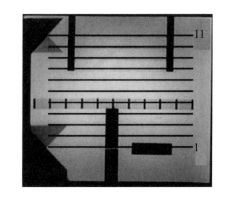

图 9-18　ACR 模体质控检测图像定位像（示例）

检测通常采用自旋回波序列扫描,具体参数为:TR/TE 为 500 ms/30 ms,扫描矩阵 256×256,层厚为 5 mm,扫描野 FOV 为 25 cm,接收带宽 BW＝20.48 kHz 或 156 Hz/pixel,采集次数为 1 次,不使用并行采集技术及失真校正、强度校正等内部校准技术。详细记录下列检测条件参数:

(1) 脉冲序列;

(2) 扫描时间参数(TR、TE、TI 等);

(3) 层数、层厚、层距、FOV、矩阵;

(4) RF 脉冲触发角度、接收带宽和成像中所用的任何处理过程等;

(5) 线圈、模体;

(6) 激励次数。

每次检测的模体摆放和定位要一致,才能保证检测结果的一致性。除非特殊需要,所有的模体应放置在磁场的绝对中心,模体进入磁体中心后一定要静置 5 min 后,才可以进行扫描。

二、检测项目和检测方法

1. 中心共振频率

所有 MRI 都要自动进行中心共振频率校正,自动检测共振频率,在相应界面上找到此次所检测的共振频率 f 将之与上次检测所得的共振频率 f_{prev},用公式(9-18)计算中心共振频率偏差 δ_f,连续两天的中心共振频率偏差应不大于 $2×10^{-6}$。

2. 射频发射增益

启动 MRI 自动发射增益校正功能,从相应界面上记录所显示的射频发射增益。特定线圈特定模体的射频发射的增益/电压变化不超过基线值的 $±10\%$。否则提示射频通道存在问题,需要停机检修。

3. 信噪比

采用"均匀信号"检测模块层的扫描层面(以下简称均匀层面)(图 9-19),测量在图像中央覆盖图像 $75\%\sim80\%$ 区域的信号平均值,噪声为周围无伪影背景区域信号强度的标准偏差,由公式(9-3)计算得出图像的信噪比,其值应不低于基线值的 95%。

对于特定线圈,每次测量必须使用相同模体,相同扫描序列及参数,每次测量条件尽可能一致,值得注意的是不同的测量方法所得到的信噪比结果不同,检测时应注明测量方法和测量条件。

本测量方法适合于容积线圈的信噪比测量,若测量表面线圈,应该对所用线圈分别进行测量,测量表面线圈的信噪比应该使用特定的模体,信号区域的选择在最大强度信号的区域,并且每次测量时定位要准确一致,保证每次测量的一致性。

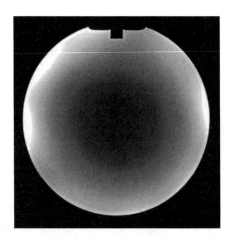

图 9-19 信噪比测量层面

4. 图像均匀度

使用检测信噪比的自旋回波序列及参数,用头线圈采集信号。

选择一个均匀层面,先将图像的对比度调到100%,再将图像的亮度由高变低,在图像中最先出现黑的区域就是信号最低的区域,继续将亮度降低,图像中最后还有亮度的区域即为信号最高的区域(如图9-20所示)。测量图像中包含中心区域80%模体面积的像素信号平均值的最大值S_{max}与最小值S_{min}。

由公式(9-6)计算出整个图像均匀性,其值应不低于基线值的95%(对于FOV为200 mm的测量时,其整体均匀性应大于80%)。

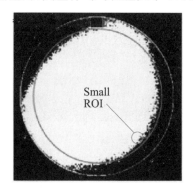 

(a)信号最低的区域　　　　　　　(b)信号最高的区域

图9-20　均匀性检测图(示例)

5. 空间分辨力

ACR模体的"空间分辨力"检测模块上有3对近似于正方形的小孔阵列,每对小孔阵列如图9-21所示。每组小孔阵列由左上小孔阵列和右下小孔阵列组成。左上阵列用来评估左-右方向的分辨力,右下阵列用来评估顶-底方向的分辨力。各组阵列中小孔的直径不同(左侧阵列为1.1 mm,中间阵列为1.0 mm,右侧阵列为0.9 mm)。

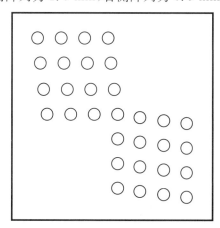

图9-21　ACR模体空间分辨力模块小孔阵列(示例)

选用"空间分辨力"检测模块层的扫描图像(图9-22a),将图像放大2~4倍,保证整个测量区域都在视野范围内,如图9-22b所示。从左到右每组小孔的直径分别是1.1 mm、

1.0 mm和0.9 mm。调整图像的窗宽窗位至最清晰的位置,尽可能把每个小孔都清晰地分辨出来。

如果某个点阵左上角中有一排的4个小孔都可分辨,则记下这组小孔的直径尺寸作为左-右方向的空间分辨力;如果某个点阵右下角中有一列的4个小孔都可分辨,则记下这组小孔的直径尺寸作为顶-底方向的空间分辨力。

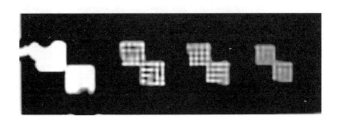

(a)测量层面　　　　　　　　　　　(b)测量区域

图 9-22　ACR 模体空间分辨力测量

6. 空间线性(几何测量精度)

采用专用性能模体的"空间线性"检测模块层的扫描图像检测。ACR 模体扫描图像如图 9-23 所示,将图像的对比度调至 90%以上,分别测量 X 和 Y 方向的长度,依据公式(9-8)计算几何测量精度,一般要求其不超过±5%。

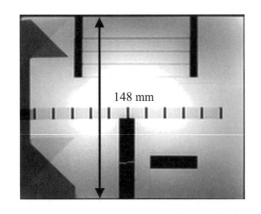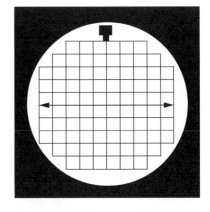

(a)在 ACR 体模上长度测量的位置设置　　　(b)在 ACR 体模上 X 向上直径测量的位置

图 9-23　ACR 空间线性测量示意图(示例)

7. 层面的层厚

检测在"空间分辨力"检测模块层扫描图像中的 2 个信号坡度上进行。选择第一层,在保证整个层厚区域在屏幕上的前提下,将图像放大 2～4 倍;调整窗宽窗位使信号坡度有很好的可视性,由于斜坡信号比水溶液的信号要低得多,所以通常需要大幅度降低窗位,并把显示窗宽调窄;如图 9-24 所示,在每个信号坡度正中设置一个矩形感兴趣区域,分别记下两个感兴趣区域的平均信号值,然后求出它们的平均值,所得的结果近似于斜坡正中的平均信号值。

减小窗位到上述所测斜坡正中的平均信号值的一半,并调节窗宽到合适值。用系统自带的长度测量工具测量斜坡的长度,如图 9-25 所示,记下测量数据。

由公式(9-21)计算层厚,与层厚设置值比较计算层厚误差。

层厚:

$$T = 0.2 \times \frac{L_{顶} \times L_{底}}{L_{顶} + L_{底}} \tag{9-21}$$

式中:

T——层厚;

$L_{顶}$——顶信号坡度的长度;

$L_{底}$——底信号坡度的长度。

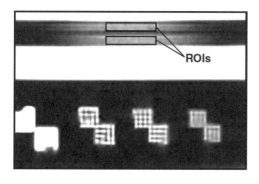

图 9-24　ACR 模体斜坡信号平均值测量(示例)

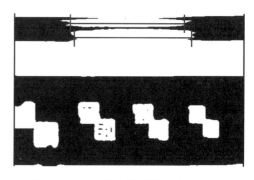

图 9-25　ACR 模体斜坡长度测量(示例)

8. 对比度分辨力

检测采用"对比度分辨力"检测模块。ACR 模体的"对比度分辨力"检测模块有 4 层,如图 9-26 所示,每层图像上,低对比度物体表现为多个小碟片,呈放射状轮辐状排列,每条轮辐由三个碟片组成,每个圆包括 10 条轮辐。计算各层所能分辨轮辐的数目总和,用其来评估被检测设备的对比度分辨力。

3 T 的 MRI 设备,一般要求达 37 以上(建议值);1.5 T 的 MRI 设备,一般要求达 35 以上。

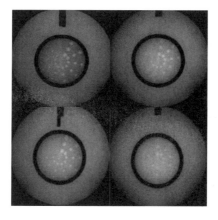

图 9-26　ACR 模体低对比度分辨力扫描图像(示例)

9. 主磁场强度

将磁场强度计的探头置于磁体中心区域,读取磁场强度计示值,重复测量 3 次。按公式(9-20)计算磁场强度误差。

测量时,MRI 无需扫描,但磁场强度计主机离 MRI 磁场发生部分足够远,以免影响磁场强度计的正常工作或使用安全。

10. 检测记录与结果处理

在进行检测时应有详尽的记录,检测记录格式参见附录。

检测结果处理:日检测的结果填写在磁共振每日质量控制检测记录表中。如果发现检测结果不合格,技术人员应立即上报临床医学工程师,根据情况做相应检修处理,必要时请生产或维修厂家解决,直到设备性能符合要求才能用于临床检查。年度检测由上级检测机构或相关计量检测机构完成。

第五节　检测图像拍片及临床照片抽取

一、检测图像拍片

(1)矢状面定位像,调节好窗宽、窗位,拍片。

(2)横断面定位像,调节好窗宽、窗位,拍片。

(3)信噪比、均匀度参数扫描图像,调节窗宽、窗位使图像结构清晰,拍片。

(4)信噪比、均匀度参数扫描图像,调节窗宽、窗位使图像明亮,对比明显,可观察磁场的分布情况,拍片。

(5)空间分辨力、线性度(几何畸变)扫描图像,调节窗宽、窗位,拍片;局部放大空间分辨力图案,调节窗宽、窗位,拍片;不同矩阵条件拍片。

(6)低对比度灵敏度扫描图像,调节窗宽、窗位使图像里目标对比清晰,拍片;不同层厚条件拍片。

(7)对 4 个扫描层面上的层厚测量目标给出灵敏度剖面线(10 mm 层厚),其他层厚条件可只给出信噪比层面的灵敏度剖面线,拍片。

(8)选层精度扫描图像,调节窗宽、窗位至 FWHM 处,连续拍 3 幅图像。

(9)其他需要记录的检测照片。

二、临床照片抽取

检测时应按下面要求抽取近期的临床照片。

1. 照片规格要求

14~17 英寸的胶片要含 20~24 幅(4×5 或 4×6)图像。

2. 抽片部位和扫描层面要求

要求抽取头部、腹部和脊柱等部位的临床照片,使用 SE 序列,对扫描野(FOV)不作定量要求。

（1）头部：横断轴位扫描 T1WI、T2WI 图像和矢状位扫描图像，须含以下层面：

① 四脑室层面（含后颅窝），1 幅；

② 蝶区（含鞍上池），1 幅；

③ 基底节层面，1 幅；

④ 侧脑室体部层面，1 幅；

⑤ 矢状位正中层面，1～2 幅。

（2）腹部：需抽取横断轴位扫描 T1WI 图像，含以下层面：

① 肝门层面，1 幅；

② 胰腺层面，1 幅；

③ 肾上腺及肾中上部层面，1 幅。

（3）脊柱：横断轴位扫描 T1WI、T2WI 图像各 4 幅，矢状位扫描 T1WI、T2WI 图像各 4 幅，含以下层面：

① 脊髓层面，1 幅；

② 脊内结构（显示脊神经）层面，1 幅；

③ 其他能反映脊柱结构的典型层面，1 幅。

三、临床照片评估标准

照片根据影像质量分为甲、乙、丙 3 级。

1. 甲级

照片清晰度、对比度较好。

（1）头部：灰质、白质能清晰区分较大的神经核（尾状核、基底节、丘脑、红核等）、脑回、脑沟、脑池等轮廓能清晰分辨。

（2）腹部：肾上腺形态结构、肝内血管（门静脉、肝静脉主干及主要分支）的形态与走行、肝实质均匀、前列腺（或子宫）的形态、轮廓与内部结构可较清楚辨认。

（3）脊椎：清楚显示腰椎 s 体与椎间盘的界限与轮廓，能分清椎间盘的纤维软骨环和髓核以及脊神经根。分辨硬脊膜囊各结构的层次形态和信号特征。

2. 乙级

照片清晰度、对比度尚可，一般情况下可解决诊断问题，但照片质量有待提高。

3. 丙级

不能满足上述要求，影响做出正确诊断。

第六节 应用质量检测评审

目前，我们对 MRI 检测的各项性能参数的要求及应用质量的评审方法详见表 9-1 和表 9-2。其中或有不完善和不准确的地方，在此，仅供大家参考。

表 9-1　MRI 性能检测项目与要求

检测项目		单位	检测条件	指标要求	
				验收检测	状态检测
信噪比	场强≥1.5 T		20 cm≤FOV≤26 cm 两次平均	参照出厂标准	≥100
	0.5 T≤场强<1.5 T				≥80
	场强<0.5 T				≥60
主磁场中心强度		%		参照出厂标准	±5%
主磁场均匀性*		10^{-6}	50 cm DSV	参照出厂标准	±10
图像均匀度		%	20 cm≤FOV≤26 cm	≥95%	≥80%
图像信噪比均匀度		%	20 cm≤FOV≤26 cm	≥90%	≥80%
线性度（几何畸变）	频率编码方向	%	20 cm≤FOV≤26 cm	±2%	±5%
	相位编码方向				
层厚		%	>5 mm	参照出厂标准	±15%
层间隙*		%	层厚>5 mm	参照出厂标准	±15%
空间分辨力		lp/cm	20 cm≤FOV≤26 cm 矩阵 256×256	≥5	≥4
低对比度灵敏度靶径/深度（mm）		mm	20 cm≤FOV≤26 cm 重复测 3 次	≤4 mm/0.5 mm	≤6 mm/0.5 mm
相位编码伪影		%	20 cm≤FOV≤26 cm	≤5%	≤10%

注：1. 此状态检测标准是头线圈的检测标准；

　　2. 体模配液为 $CuSO_4$ 溶液，浓度为 4 mmol；

　　3. 带 * 号的第 3 项和第 8 项仅在验收时检测，在状态检测时为参考项。

表 9-2　MRI 应用质量评定方法

性能参数检测不合格项数	照片评估结果	评定结论
0 项	甲级	合格
0 项	乙级	合格
1 项	甲级	合格
1 项	乙级	合格
2 项	甲级	合格
2 项	乙级	合格
0 项	丙级	不合格
1 项	丙级	不合格
2 项	丙级	不合格
3 项或 3 项以上	任何级别	不合格

第十章 磁共振成像设备质量控制检测实例

本章以 SIEMENS Skyra 3.0T MRI 为例介绍医用 MRI 设备质量控制检测技术。

医用 MRI 设备作为被检设备,依据不同厂家、不同型号,其操作调节方式方法也不尽相同,由于厂家、型号、设备种类繁多,无法一一尽述,但其中大多数操作是类似的。此外检测所用设备种类繁多,但质量控制的操作方法基本类似。因此,本书以西门子公司生产的 MAGNETOM Skyra 3.0T 医用 MRI 系统(以下简称 Skyra)为例介绍医用 MRI 设备的质量控制检测技术。

第一节 SIEMENS Skyra 3.0T 型医用磁共振成像设备质量控制检测-SMR170 体模

一、SIEMENS Skyra 3.0T 型医用磁共振成像设备简介

SIEMENS Skyra 3.0T 智能 MRI 设备是目前国际较领先的 3.0T 磁共振机型,对于神经系统、心血管系统、上下腹、盆腔、骨骼肌肉和关节等方面的疾病具有不可替代的诊断价值,同时它通过短磁体大孔径和一体化线圈设计使之检查更趋人性化,可对以往不能完成磁共振检查的肥胖和具有幽闭恐惧症的患者实施检查。该设备主要由超导磁体、电子柜、射频线圈、计算机系统、检查床等组成。

二、Skyra 3.0T 型医用磁共振成像设备的质量控制检测

1. 检测条件

(1)环境条件

温度:23 ℃±5 ℃。

相对湿度:50%±15%。

大气压力:86.0 kPa～106.0 kPa。

(2)检测设备

① 磁共振线圈配套均匀体模。

② MRI 专用性能测试模体:应符合 ACR(美国放射学院)、NEMA(美国电器制造者协会)、AAPM(美国医学物理师协会)或者其他权威机构推荐的技术要求,至少能够完成信噪比、伪影、图像均匀度、空间分辨力、低对比度分辨力、空间线性度和层厚 7 项检测项目的检测。本检测实例以 SMR170 为例。

(3)磁场强度计

测量范围 0 T～3 T，分辨力为 0.1 mT。

2. 检测前准备

体模的准备：在贮存及运输过程中，体模内可能会出现气泡附着在内部检测部件上，需要尽量去除气泡，使得各成像检测层面不受影响方能进行检测。

3. 体模的摆位

首先把模体水平放置在扫描床上已装好的头部线圈内，测试模体置于线圈中间，用水平仪检查是否水平（图 10-1），其轴与扫描孔的轴平行，按下控制装置上的激光定位灯按钮 ，激光定位灯被打开，会直接出现一个可见的红色十字线。顺时针旋转控制装置中心按钮 ，移动检查床床面，使十字交叉线对准模体的中心，然后按下中心位置按钮 1 s，将检查床移动到磁体等中心。

（a）沿 X 轴方向水平　　　　　　　（b）沿 Z 轴方向水平

图 10-1　使用水平仪检查模体摆放是否水平

4. 参数设置

体模摆放就绪后，在扫描主机工作站进行扫描信息登记以及扫描参数的设定。

（1）扫描信息登记

在 MRI 的扫描界面（图 10-2），鼠标左键单击 Patient-Register，对扫描信息进行登记（图 10-3），其中粗黑体部分为必填项目。根据要求填好信息（图 10-4），然后点击 Exam，进入检查界面（图 10-5）。

（2）扫描参数设置

检测通常采用自旋回波序列扫描，从序列库中分别调出定位像扫描序列及自旋回波序列，将选中的序列使用鼠标左键拖入左下方扫描序列区域（图 10-6）。自旋回波序列具体参数为：

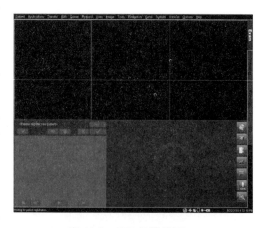

图 10-2　MR 扫描界面

TR/TE 为 500 ms/30 ms，扫描矩阵 256×256，层厚为 5 mm，扫描野 FOV 为 25 cm，接收带宽 RBW＝20.48 kHz 或 156 Hz/pixel，采集次数为 1 次，不使用并行采集技术及失真校正、强度校正等内部校准技术。各参数设置如图 10-7 所示，详细记录下列检测条件参数：

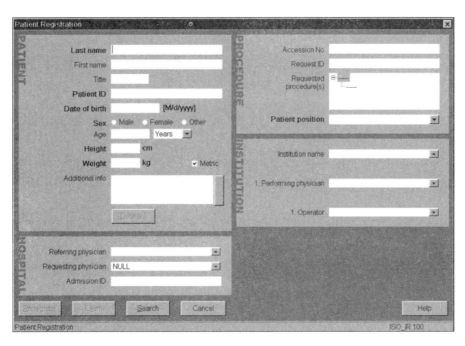

图 10-3 扫描信息登记界面

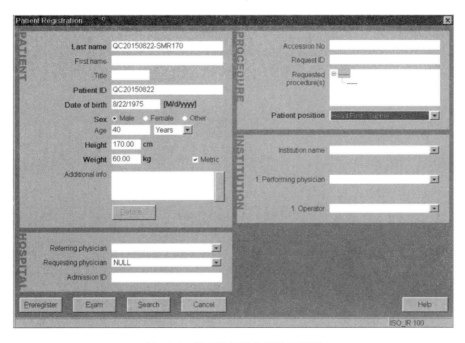

图 10-4 填好的扫描信息登记界面

① 脉冲序列；

② 扫描时间参数（TR、TE、TI 等）；

③ 层数、层厚、层距、FOV、矩阵；

④ RF 脉冲触发角度、接收带宽和成像中所用的任何处理过程等；

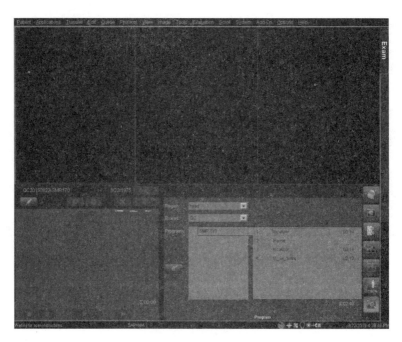

图 10-5　进入检查界面

⑤ 线圈、模体；

⑥ 激励次数。

每次检测的模体摆放和定位要一致，才能保证检测结果的一致性。除非特殊需要，所有的模体应放置在磁场的绝对中心，模体进入磁体中心后一定要静置 5 min 后，才可以进行扫描。

图 10-6　调出定位像扫描序列及自旋回波序列到左下方扫描序列区域

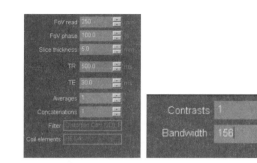 

（a）FOV、层厚、TR、TE、NEX 设置　　　　（b）带宽设置　　　　　　　（c）矩阵设置

图 10-7　扫描参数设置

5. 扫描

首先进行定位像扫描。定位像扫描完毕后将图像拖到查看图像框，从左至右分别为冠状位、矢状位和轴位定位像，然后在此三平面定位像上对自旋回波序列进行轴位扫描层面定位（图 10-8），由上到下依次为 1～5 层。

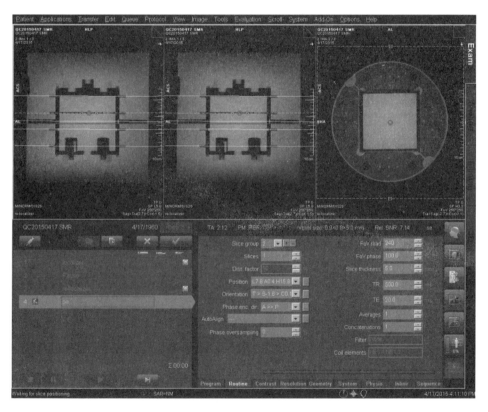

图 10-8　体模扫描层面定位图

如果体模定位很好，则如图 10-8 所示，在正方形两侧的短线条是长短一致，左右水平，对称分布的。如果体模摆放不水平，体模的中心与扫描中心不一致，则如图 10-9 所示，两侧的短线条不对称，不在一条水平线上。此时，如果仅偏差一点（1°左右），需重新进行调整后进行二次定位像扫描（图 10-9）。如若偏差较大，需重新摆位。

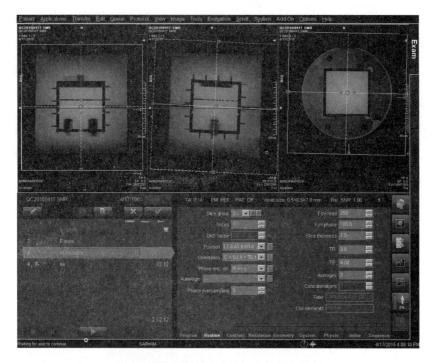

图 10-9　体模摆放不水平的定位像扫描图

两侧的短线条不对称,不在一条水平线上,需要进行二次定位像扫描

在确认定位正确后,可以由所得的三平面定位图像
确定对体模各个测试层面的横断位扫描,建议的扫描位
置和层数如图 10-8 及图 10-10 示意图所示。Slice Group
为 5,每一个 Slice Group 的 Slices 为 1,这样从上至下共
扫描 5 层,每一层可单独调整扫描的角度。参数设置及
扫描定位完毕,点击绿色√,序列开始扫描。扫描结束
后,所得到的图像由上到下分别如图 10-11 所示。

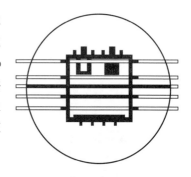

图 10-10　扫描层定位及层数示意图

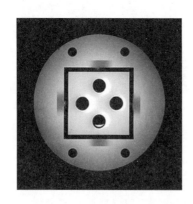

（a）第一层轴位图像

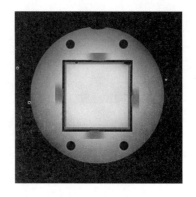

（b）第二层轴位图像

图 10-11　扫描所得到的模体轴位图像

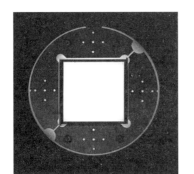

（c）第三层轴位图像

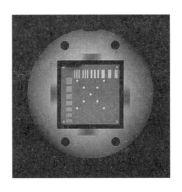

（d）第四层轴位图像

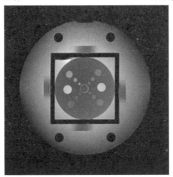

（e）第五层轴位图像

图 10-11（续）

三、检测参数的测量

1. 图像信噪比的测量

在所扫描得到的轴位第二层图像中央画一个大圆形 ROI，其面积占正方形区域面积需大于 2/3。在整个体模外的四个角画四个小圆形 ROI，其面积接近且都小于 200 mm²。如图 10-12 所示。信号强度等于正方形中心像素平均值（S）外侧像素平均值（S′）。噪声等于正方形中心像素标准偏差（SD）。按式（9-3）计算信噪比。

对不同层厚条件的均匀体模图像进行测量。测量中要注意如果 ROI 内有较明显的伪影则不能进行信噪比的测量。

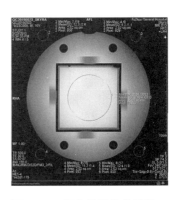

图 10-12　图像信噪比的测量

2. 图像均匀度测量

在正方形图像内部用 ROI 划出九个测试区域（图 10-13），测量各区域的像素平均值。由公式（9-6）计算得到图像均匀度。对不同层厚条件的均匀模图像进行测量。

3. 层厚测量

在体模各层正方形图像外侧，沿着 4 条斜边的图像分别作灵敏度剖面线（profile），测量灵敏度剖面线的最大半高宽（FWHM），成像层的层厚 Z 可以用公式（10-1）计算：

$$Z = \text{FWHM} \times 0.25 \tag{10-1}$$

式中,0.25 为斜边与成像平面夹角的正切。

也可以采用下面的方法确定测量 FWHM 的窗位和窗宽:将机器的窗宽关闭(即将窗宽值减小至 1),调节窗位至斜面成像刚好消失处,此时的窗位即为斜面成像的峰值 a。用 ROI 测量斜面像的邻近位置的信号强度值作为背景值 b。按公式(10-2)计算 FWHM 的窗位 L。

$$L = \frac{(a+b)}{2} \tag{10-2}$$

将窗宽仍设置为 1,窗位设置成 L,用测距功能测量此时的斜面成像的宽度,即为 FWHM。工作站测量界面如图 10-14 及图 10-15 所示。

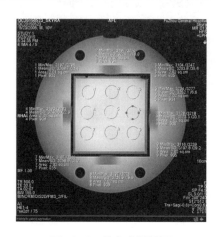

图 10-13 均匀度测量图

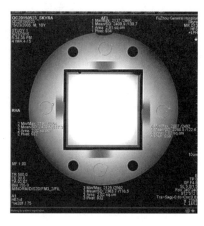

图 10-14 斜面像的邻近位置的信号强度值测量图

图中 ROI 1-4 分别为斜面像的邻近位置的信号强度值

得到四个 Z 值后进行平均得到层厚 $Z = (Z_1 + Z_2 + Z_3 + Z_4)/4$。JJF(京)30—2002:标称值 ≥5.0 mm 时,测量值与标称值之差的绝对值不大于 1 mm。2.0 mm≤标称值<5.0 mm 时,测量值与标称值之差的绝对值不大于 0.5 mm。

(a)将窗宽值减小至 1,调节窗位至 1 号斜面成像刚好消失,记录窗位值,此时的窗位即为斜面成像的峰值 a,图 10-14 中 ROI 1 的信号强度值是背景值 b,根据 $L = (a+b)/2$ 计算出 FWHM 的窗位 L,将窗宽仍设置为 1,窗位设置成 L,用测距功能测量此时的斜面成像的宽度;(b)即为 FWHM,层厚 $Z_1 = FWHM \times 0.25$;(c)将窗宽值减小至 1,调节窗位至 2 号斜面成像刚好消失,记录窗位值,此时的窗位即为斜面成像的峰值 a,图 10-14 中 ROI 2 的信号强度值是背景值 b,根据 $L = (a+b)/2$ 计算出 FWHM 的窗位 L,将窗宽仍设置为 1,窗位设置成 L,用测距功能测量此时的斜面成像的宽度;(d)即为 FWHM,层厚 $Z_2 = FWHM \times 0.25$;

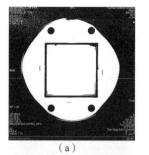

(a)

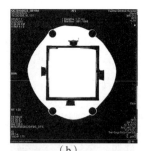

(b)

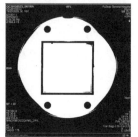

(c)

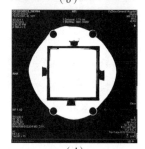

(d)

图 10-15 1-4 号斜面成像的宽度的测量

(e)将窗宽值减小至1,调节窗位至3号斜面成像刚好消失,记录窗位值,此时的窗位即为斜面成像的峰值 a,图10-14中ROI 3的信号强度值是背景值 b,根据 $L=(a+b)/2$ 计算出FWHM的窗位 L,将窗宽仍设置为1,窗位设置成 L,用测距功能测量此时的斜面成像的宽度;(f)即为FWHM,层厚 Z_3=FWHM×0.25;(g)将窗宽值减小至1,调节窗位至4号斜面成像刚好消失,记录窗位值,此时的窗位即为斜面成像的峰值 a,图10-14中ROI 4的信号强度值是背景值 b,根据 $L=(a+b)/2$ 计算出FWHM的窗位 L,将窗宽仍设置为1,窗位设置成 L,用测距功能测量此时的斜面成像的宽度;(h)即为FWHM,层厚 Z_4=FWHM×0.25

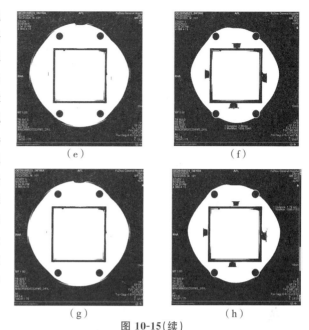

（e）　　　　　　　　　　　（f）

（g）　　　　　　　　　　　（h）

图 10-15(续)

4. 空间分辨率测量

对体模的第四层面扫描。调节窗宽和窗位使图像细节显示最清晰,用视觉确定图像中能分辨清楚的最大线对数,即空间分辨率。如图10-16所示。

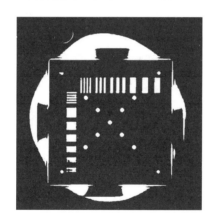

图 10-16　空间分辨率测量

5. 线性度(几何畸变)测量

在图10-17中分别测量频率编码方向(X)与相位编码方向(Y)的小孔间距,并与真实距离(分别为80 mm,40 mm,20 mm)比较,代入公式(9-8)求出几何畸变,线性度用畸变百分率表示。JJF(京)30—2002:在 FOV≥250 mm 时,1.0 T 以下的,空间线性变化<5%;1.0 T 以上(含1.0 T)的,空间线性变化<2%。AAPM标准要求:空间线性变化<5%。

6. 低对比度分辨率测量

对体模的第五层面扫描。调节窗宽、窗位使图像细节最清晰,视觉确定能分辨清楚的深度最小和直径最小的圆孔的像即为低对比度分辨率。重复扫描3次,求低对比度灵敏度的平均值。扫描图像如图10-18所示。

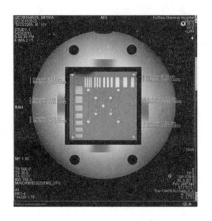 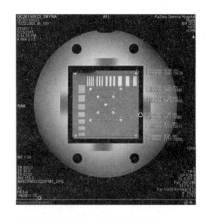

（a）相位编码方向几何畸变测量　　　　　（b）频率编码方向几何畸变测量

图 10-17　线性度（几何畸变）测量

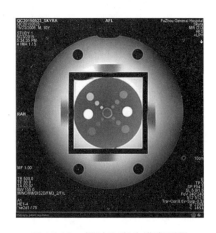

图 10-18　低对比度分辨率测量

7. 相位编码伪影测量

在均匀性测试图像的相位编码方向上用圆形 ROI（约 $200\ \text{mm}^2$）测量最边缘区域的像素平均值，记为 p；再用相同的 ROI 测量图像四个角上的平均值，记为 Q；用图像尺寸的 75% 的矩形 ROI 测量中心区域的像素平均值，记为 R，用公式（9-19）计算相位编码伪影 W（图 10-19）。

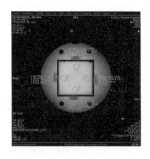 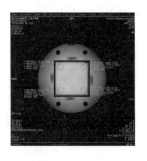 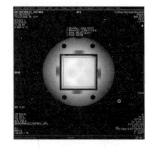

（a）最边缘区域的像素平均值　　（b）图像四个角上的平均值　　（c）图像尺寸的 75% 的矩形 ROI
　　　　　　　　　　　　　　　　　　　　　　　　　　　　　　　　　　测量中心区域的像素平均值

图 10-19　相位编码伪影测量

第二节　SIEMENS Skyra 3.0T 型医用磁共振成像设备质量控制检测-ACR 体模

一、检测条件

1. 环境条件

温度:23 ℃±5 ℃。

相对湿度:50%±15%。

大气压力:(86.0～106.0) kPa。

2. 检测设备

① 磁共振线圈配套均匀模体。

② MRI 专用性能测试模体:应符合 ACR(美国放射学院)、NEMA(美国电器制造者协会)、AAPM(美国医学物理师协会)或者其他权威机构推荐的技术要求,至少能够完成信噪比、伪影、图像均匀度、空间分辨力、低对比度分辨力、空间线性度和层厚 7 项检测项目的检测。本检测实例以 ACR 为例。

3. 磁场强度计

测量范围 0 T～3 T,分辨力为 0.1 mT。

二、检测前准备

体模的准备:在贮存及运输过程中,体模内可能会出现气泡附着在内部检测部件上,需要尽量去除气泡,使得各成像检测层面不受影响方能进行检测。

三、体模的摆位

将 ACR 体模水平放置在扫描床上已装好的头部线圈内,测试模体置于线圈中间,每次放置体模在位置上保持不变是至关重要的,以保证测量的可重复性。为定位方便,将体模上的所刻标记送入磁体等中心位置即可。黑色交叉标志线表示 ACR 体模的前面(此面标记为"NOSE")(图 10-20)。具体操作同本章第一节。

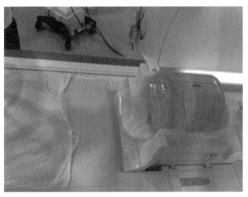

图 10-20　激光定位灯对准 ACR 体模的前面"NOSE"标记

四、参数设置

体模摆放就绪后,在扫描主机工作站进行扫描信息登记以及扫描参数的设定。

1. 扫描信息登记

同本章第一节操作。

2. 扫描参数设置

检测通常采用自旋回波序列扫描,从序列库中分别调出定位像扫描序列及自旋回波序列,将选中的序列使用鼠标左键拖入左下方扫描序列区域,操作同本章第一节。自旋回波序列具体参数为:TR/TE 为 500 ms/20 ms,扫描矩阵 256×256,层厚为 5 mm,层间距 5 mm,扫描野 FOV 为 25 cm,接收带宽 RBW=20.48 kHz 或 156 Hz/pixel,采集次数为 1 次,不使用并行采集技术及失真校正、强度校正等内部校准技术,详细记录下列检测条件参数:

(1)脉冲序列;

(2)扫描时间参数(TR、TE、TI 等);

(3)层数、层厚、层距、FOV、矩阵;

(4)RF 脉冲触发角度、接收带宽和成像中所用的任何处理过程等;

(5)线圈、模体;

(6)激励次数。

每次检测的模体摆放和定位要一致,才能保证检测结果的一致性。除非特殊需要,所有的模体应放置在磁场的绝对中心,模体进入磁体中心后一定要静置 5 min 后,才可以进行扫描。

五、扫描

定位后,进行三平面定位像的扫描,由所得到的三平面定位像确定对模体各横断位断层的扫描。ACR 模体在矢状位上定轴位时,从 ACR 模体最下端 45°楔形边相交的顶点开始,到最上端 45°楔形边相交的顶点结束,按照规定扫描 11 层(图 10-21)。

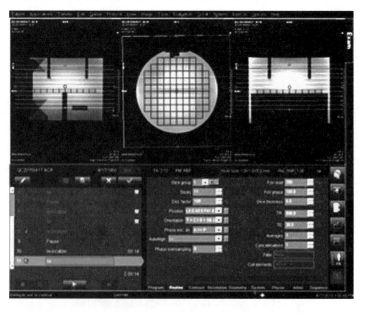

图 10-21　ACR 模体在矢状位上定轴位,从下到上共扫描 11 层

在确认定位正确后,可以由所得的三平面定位图像确定对体模各个测试层面的横断位扫描,建议的扫描位置和层数如图 10-21 及图 10-22 示意图所示。参数设置及扫描定位完毕,点击绿色√,序列开始扫描。扫描结束后,对应的轴位图像分别为图 10-23 所示。

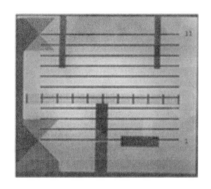

图 10-22 扫描层定位及层数示意图

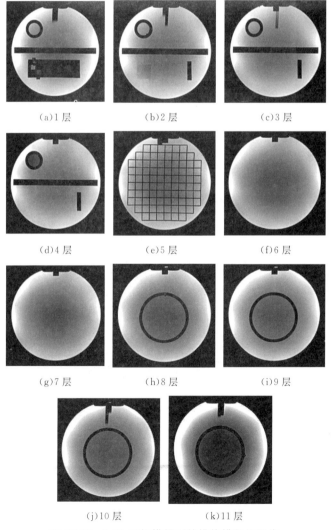

(a)1 层   (b)2 层   (c)3 层

(d)4 层   (e)5 层   (f)6 层

(g)7 层   (h)8 层   (i)9 层

(j)10 层   (k)11 层

图 10-23 1-11 层扫描得到的模体横断位图像

六、检测参数的测量

1. 图像信噪比的测量

（1）低对比探测能力与 MR 图像的信噪比相关（图 10-24）。低对比度分辨率（LCD）轮辐数目与信噪比之间的关系相当复杂。在 8～11 层，在一条轮辐上所有的三个孔能清楚辨别，一条轮辐才是完整的。计算完整的轮辐数，而不是独立的孔数。如果在一条尺寸相对较小，能完整显示的轮辐后面紧接着有一条尺寸更小的轮辐，但显示不完整，该轮辐不能计算为轮辐数，且应停止计数。然后比对轮辐总数目（包括 8～11 层）与信噪比的大致关系图，得出信噪比（图 10-25）。

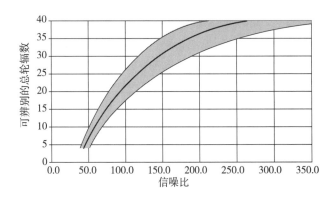

图 10-24　信噪比与低对比探测轮辐数的关系

图 10-24 中在 ACR 体模上，可辨别低对比轮辐总数目（包括 8～11 层）与信噪比的大致关系。辨别的轮辐数目会因位置不当或运动伪影的影响而下降。

（a）第 11 层　　　　　　　　（b）第 10 层

（c）第 9 层　　　　　　　　（d）第 8 层

图 10-25　ACR 体模上，可辨别的轮辐总数目

可辨别 40 个轮辐，SNR＞200

（2）采用"均匀信号"检测模块层的扫描层面（以下简称均匀层面），如第7层，测量在图像中央覆盖图像75%~80%区域的信号平均值，噪声为周围无伪影背景区域信号强度的标准偏差（图10-26），由公式（9-3）计算得出图像的信噪比，其值应不低于基线值的95%。

对于特定线圈，每次测量必须使用相同模体，相同扫描序列及参数，每次测量条件尽可能一致，值得注意的是不同的测量方法所得到的信噪比结果不同，检测时应注明测量方法和测量条件。

条款中测量方法适合于容积线圈的信噪比测量，若测量表面线圈，应该对所用线圈分别进行测量，测量表面线圈的信噪比应该使用特定的模体，信号区域的选择在最大强度信号的区域，并且每次测量时定位要准确一致，保证每次测量的一致性。

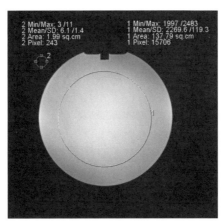

图 10-26　信噪比测量图

2. 图像均匀度测量

选择一个均匀层面，如第6层，先将图像的对比度调到100%，再将图像的亮度由高变低，在图像中最先出现黑的区域就是信号最低的区域，继续将亮度降低，图像中最后还有亮度的区域即为信号最高的区域［如图10-27（a）（b）所示］。也可通过测量图像中包含中心区域80%模体面积的像素信号平均值的最大值 S_{max} 与最小值 S_{min} 来计算图像均匀度［如图10-27（c）所示］。

由公式（9-6）计算出整个图像均匀性，其值应不低于基线值的95%（对于FOV为200 mm的测量时，其整体均匀性应大于80%）。

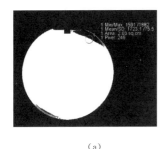　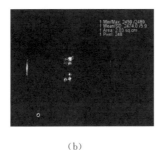　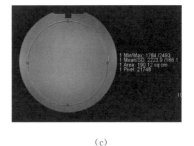

　　　　（a）　　　　　　　　　　　（b）　　　　　　　　　　　（c）

图 10-27　图像均匀度测量

（a）图像中最先出现黑的区域就是信号最低的区域，此处选取ROI即为 S_{min}；（b）继续将亮度降低，图像中最后还有亮度的区域处选取ROI，即为信号最高的区域 S_{max}；（c）也可以测量图像中包含中心区域80%模体面积的像素信号，其min/max即为 S_{min} 与 S_{max}

3. 层厚测量

检测在"空间分辨力"检测模块层扫描图像中(第一层)的 2 个信号坡度上进行。选择第一层,在保证整个层厚区域在屏幕上的前提下,将图像放大 2～4 倍;调整窗宽窗位使信号坡度有很好的可视性,由于斜坡信号比水溶液的信号要低得多,所以通常需要大幅度降低窗位,并把显示窗宽调窄;如图 10-28 所示,在每个信号坡度正中设置一个矩形感兴趣区域,分别记下两个感兴趣区域的平均信号值,然后求出它们的平均值,所得的结果近似于斜坡正中的平均信号值。

减小窗位到上述所测斜坡正中的平均信号值的一半,并调节窗宽到合适值。用系统自带的长度测量工具测量斜坡的长度,如图 10-29 所示,记下测量数据。

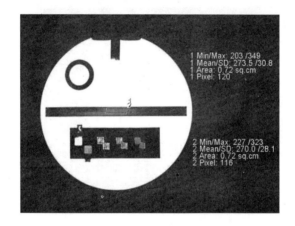

图 10-28　ACR 模体斜坡信号平均值测量

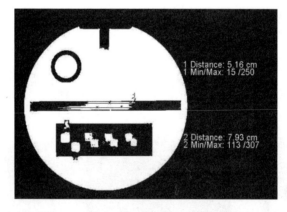

图 10-29　ACR 模体斜坡长度测量

由公式 $T=0.2 \times \dfrac{L_顶 \times L_底}{L_顶 + L_底}$ 计算层厚,与层厚设置值比较计算层厚误差。

式中:

T——层厚;

$L_顶$——顶信号坡度的长度;

$L_底$——底信号坡度的长度。

4. 空间分辨率测量

目的:评价扫描仪分辨小物体的能力。有时高对比空间分辨率又称为"极限高对比分辨率"。本检测失败表明扫描仪对给定的 FOV 和采集矩阵分辨细节的能力较正常情况低。检测频率:每日。ACR 体模 T1WI 轴位图像,第 1 层,将采集的数据用下列方法进行分析。

ACR 模体的"空间分辨力"检测模块上有 3 对近似于正方形的小孔阵列,每对小孔阵列如图 10-30 所示。每组小孔阵列由左上小孔阵列和右下小孔阵列组成。左上阵列用来评估左-右方向的分辨力,右下阵列用来评估顶-底方向的分辨力。各组阵列中小孔的直径不同(左侧阵列为 1.1 mm,中间阵列为 1.0 mm,右侧阵列为 0.9 mm)。

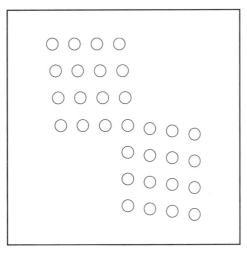

图 10-30　ACR 模体空间分辨力模块小孔阵列(示例)

选用"空间分辨力"检测模块层的扫描图像(示例的第 1 层),将图像放大 2~4 倍,保证整个测量区域都在视野范围内,如图 10-31 所示。从左到右每组小孔的直径分别是1.1 mm, 1.0 mm 和 0.9 mm。调整图像的窗宽窗位至最清晰的位置,尽可能把每个小孔都清晰地分辨出来。

如果某个点阵左上角中有一排的 4 个小孔都可分辨,则记下这组小孔的直径尺寸作为左-右方向的空间分辨力;如果某个点阵右下角中有一列的 4 个小孔都可分辨,则记下这组小孔的直径尺寸作为顶-底方向的空间分辨力。

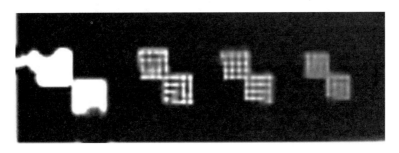

图 10-31　ACR 模体空间分辨力测量

第 1 层轴位图像,高对比分辨率嵌入物显示孔的两排列形式及三种不同的设置情况,孔径和间距从左到右分别为: 1.1 mm,1.0 mm 和 0.9 mm。

5. 几何精度的测量

目的:本检测的目的在于保证图像(显示在胶片或显示器屏幕上)比例与所研究人体部位实际直径相对应。

检测所需设备:ACR MRI 鉴定合格的体模,应用矢状位定位,T1WI ACR 轴位序列,扫描第5层。用下述方法分析数据。

检测步骤:调节窗宽和窗位使体模的边界显示在信号强度最大半阶值。为了设置恰当的显示值,可按下列步骤进行:

(1) 设置窗宽和窗位

① 窗宽设置到很窄(0或1),然后将窗位调至使体模的一半显示为白,另一半为黑,记下窗位值。

② 窗宽值调节为步骤1中的窗位值。

③ 把窗位值调节为步骤2中窗宽值的一半。

(2) 矢状位图像的测量

① 应用以上设置的窗宽和窗位来显示体模的矢状位图像。

② 应用距离测量功能,在成像范围内测量体模矢状位图像两边的长度。

③ 保证测量长度的直线通过体模中心并且垂直于体模两边(见图10-32)。

④ 将 MRI 装备的测量结果(以 mm 为单位)记录在数据表格。

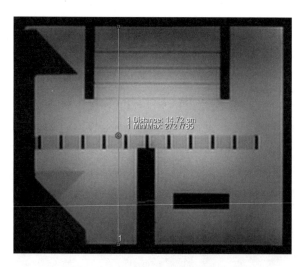

图 10-32　在 ACR 体模上长度测量的位置设置(理论值为 148 mm,Z 方向)

(3) 轴位图像的测量

① 用常规模式显示5层图像。

② 由于距离的测量与窗口设置相关,因此应使用如上所述的标准方法来设置窗宽和窗位。

③ 利用测量功能确定圆形体模成像区的直径,测量线在纵向上通过体模中心(图10-33)。

④ 将 MRI 装备的测量结果(以 mm 为单位)记录在数据表格。

⑤ 利用测量功能确定圆形体模成像区的直径,测量线在水平上通过体模中心(图10-34)。

⑥ 将 MRI 装备的测量结果(以 mm 为单位)记录在表格。

依据公式 $GD=\dfrac{D_{真}-D_{测}}{D_{真}}\times100\%$ 计算几何测量精度,一般要求其不超过 ±5%。

式中:

GD——几何测量精度;

$D_{测}$——MRI 测量值;

$D_{真}$——专用性能体模被测距离的标称值(在此用作约定真值)。

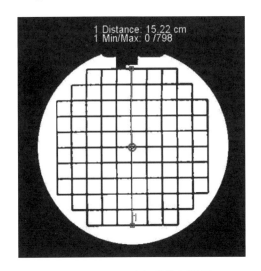

图 10-33　ACR 空间线性测量图
（理论值为 150 mm,Y 方向）

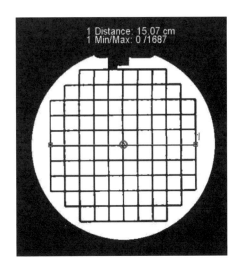

图 10-34　ACR 空间线性测量图
（理论值为 150 mm,X 方向）

6. 低对比度分辨率测量

目的:低对比度分辨率(LCD)的检测,用来评价图像对低对比物体能清晰分辨的程度。为此目的,ACR 体模中包含多个不同尺寸和对比的物体。对低对比物体的检测能力取决于所获图像的对比噪声比,可因伪影的干扰而下降。

采用 T1WI 轴位多层成像序列,具有多个不同尺寸和对比的低对比物体的 ACR 体模的图像显示在 8~11 四层上。每层图像上,低对比度物体表现为多个小碟片,呈放射状轮辐状排列,每条轮辐由三个碟片组成,每个圆包括 10 条轮辐。在给定的层面内,所有的轮辐具有相同对比度。8~11 层图像上,对比度的值依次为 1.4%,2.5%,3.6% 和 5.1%(规定层厚为 5 mm)。在给定的轮辐中所有碟片具有相同直径,且从 12 点位置开始,顺时针方向,碟片的直径从第一条轮辐的 7.0 mm 逐渐减少为第 10 条的 1.5 mm。

本检测的测量主要是在设计好的轴位图像层面内计算所能分辨轮辐的数目。例如:如果扫描仪 A 在 ACR T1WI 轴位图像 9,10,11 层上对所有的轮辐将全部的碟片清楚显示,于是应该用第 8 层作检测(图 10-35)。相反,如果扫描仪 B 在 8,9,10 层不能清楚显示,于是应该用第 11 层作检测。

另外,可以计算各层所能分辨轮辐的数目总和,用其来评估被检测设备的对比度分辨力。ACR 模体的"对比度分辨力"检测模块有 4 层(8~11 层),每层图像上,低对比度物体表现为多个小碟片,呈放射状轮辐状排列,每条轮辐由三个碟片组成,每个圆包括 10 条轮辐。3 T 的 MRI 设备,一般要求达 37 以上(建议值);1.5 T 的 MRI 设备,一般要求达 35 以上。

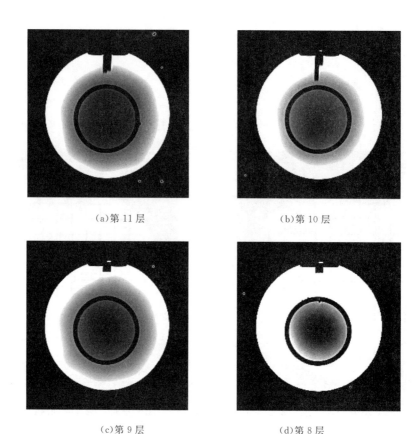

(a)第 11 层   (b)第 10 层

(c)第 9 层   (d)第 8 层

图 10-35　低对比度分辨率测量,可分辨轮辐数为 40 个

　　为了更好显示低对比物体,需调整窗宽和窗位的设置。通常采用非常窄的窗宽,然后仔细调节窗位使物体与背景清楚区别。并将获得的窗宽窗位记录在表格上,以备参考。计算能清楚辨别轮辐的数目。首先计算孔径最大的轮辐数,将位于 12 点或稍偏右的轮辐作为 1,从轮辐 1 开始顺时针计数,直到 1 个孔或多个孔与背景不能清楚辨别为止。计算的轮辐的数目是对该层面的评分。如果超过了标准,必须重新检查体模位置。特别是头足方向倾斜会产生这种错误。必须保证 8～11 层精确位于包含有不同孔的薄塑料片上,再一次采集轴位图像。

第三节　PHILIPS Achieva 3.0T TX 型医用磁共振成像设备质量控制检测-SMR170 体模

一、PHILIPS Achieva 3.0T TX 型医用磁共振成像设备简介

　　PHILIPS Achieva3.0T TX 型 MRI 设备是目前国际较领先的 3.0T 磁共振机型,对于神经系统、心血管系统、上下腹、盆腔、骨骼肌肉和关节等方面的疾病具有不可替代的诊断价值,同时它通过多源发射技术解决了 3.0 T 介电效应及高 SAR 的问题,图像更均匀一致。该设备主要由超导磁体、电子柜、射频线圈、计算机系统、检查床等组成。

二、PHILIPS Achieva 3.0T TX 型医用磁共振成像设备的质量控制检测

1. 检测条件

（1）环境条件

温度:23 ℃±5 ℃。

相对湿度:50%±15%。

大气压力:86.0 kPa～106.0 kPa。

（2）检测设备

① 磁共振线圈配套均匀模体。

② MRI 专用性能测试模体:应符合 ACR(美国放射学院)、NEMA(美国电器制造者协会)、AAPM(美国医学物理师协会)或者其他权威机构推荐的技术要求,至少能够完成信噪比、伪影、图像均匀度、空间分辨力、低对比度分辨力、空间线性度和层厚 7 项检测项目的检测。本检测实例以 SMR170 为例。

（3）磁场强度计

测量范围 0 T～3 T,分辨力为 0.1 mT。

2. 检测前准备

体模的准备:在贮存及运输过程中,体模内可能会出现气泡附着在内部检测部件上,需要尽量去除气泡,使得各成像检测层面不受影响方能进行检测。

3. 体模的摆位

首先把模体水平放置在扫描床上已装好的头部线圈内,测试模体置于线圈中间,用水平仪检查是否水平(图 10-36),其轴与扫描孔的轴平行,按下控制装置上的激光定位灯按钮,激光定位灯被打开,会直接出现一个可见的红色十字线。将滚动开关向上按,移动检查床床面,使十字交叉线对准模体的中心,然后按一下中心位置按钮,接着将将滚动开关向上按,直到检查床自动停到磁体等中心。

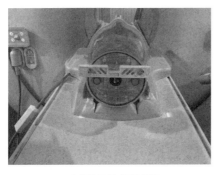
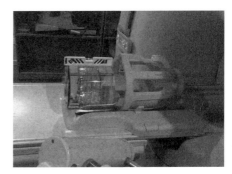

(a)沿 X 轴方向水平　　　　　　　　　(b)沿 Z 轴方向水平

图 10-36　使用水平仪检查模体摆放是否水平

4. 参数设置

体模摆放就绪后,在扫描主机工作站进行扫描信息登记以及扫描参数的设定。

(1) 扫描信息登记

在 MRI 的扫描界面,鼠标左键单击 Patient-New Exam,对扫描信息进行登记(图 10-37),根据要求填好信息(图 10-38),然后点击 Proceed,进入检查界面(图 10-39)。

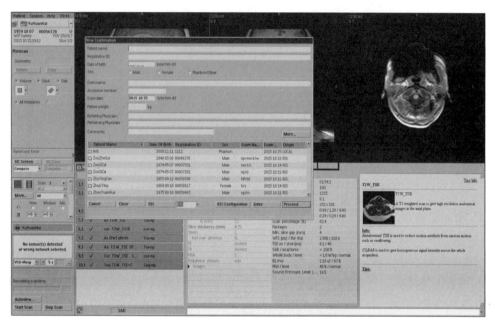

图 10-37　MR 扫描信息登记界面

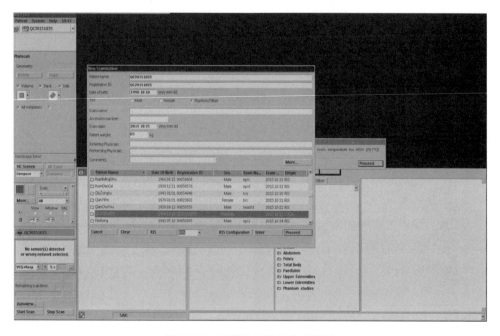

图 10-38　扫描信息登记完成界面

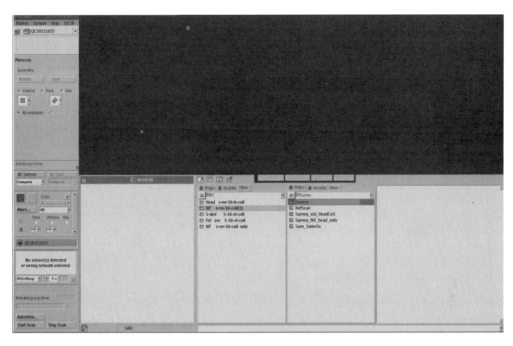

图 10-39　进入检查界面

（2）扫描参数设置

检测通常采用自旋回波序列扫描，从序列库中分别调出定位像扫描序列、校正序列以及自旋回波序列，使用鼠标左键将选中的序列拖入左下方扫描序列区域（图 10-40）。

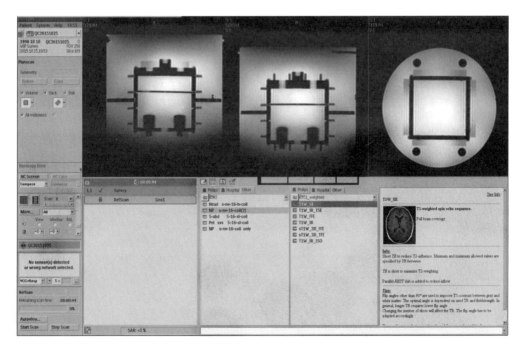

图 10-40　调出定位像扫描序列、校正序列及自旋回波序列到左下方扫描序列区域

自旋回波序列具体参数如下：

TR/TE：500 ms/30 ms。

扫描矩阵：256×256。

层厚：5 mm。

扫描野 FOV：25 cm。

接收带宽：20.48 kHz 或 156 Hz/pixel。

采集次数：1 次。

扫描过程不使用并行采集技术及失真校正、强度校正等内部校准技术，各参数设置如图 10-41 所示，详细记录下列检测条件参数：

① 脉冲序列；

② 扫描时间参数（TR、TE、TI 等）；

③ 层数、层厚、层距、FOV、矩阵；

④ RF 脉冲触发角度、接收带宽和成像中所用的任何处理过程等；

⑤ 线圈、模体；

⑥ 激励次数。

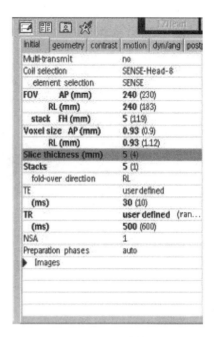

图 10-41　FOV、TR、TE 等参数的设置

每次检测模体的摆放与定位要保持一致，才能保证检测结果的一致性。除非特殊需要，保证模体放置于磁场的绝对中心，模体进入磁体中心后必须静置 5 min 后进行扫描。

5. 扫描

首先进行定位像扫描，定位像扫描完毕后将图像拖到查看图像框，从左至右分别为冠状位、矢状位和轴位定位像，然后在冠状位、矢状位和轴位三平面定位像上对自旋回波序列进行轴位扫描层面定位（图 10-42）。

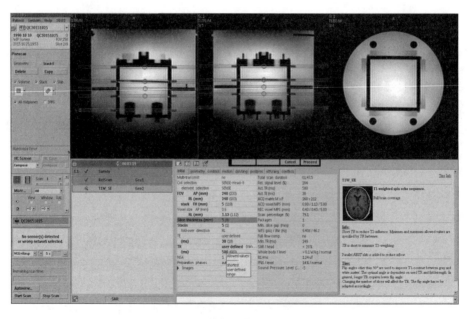

图 10-42　体模扫描层面定位图

如果体模定位准确,则如图 10-42 所示,正方形两侧的短线条长短一致,左右水平且分布对称。如果体模摆放存在偏差,致使体模的中心与扫描中心不一致,则两侧的短线条分布不对称。此时,若偏差较小(偏差角度为 1°左右),重新调整后进行二次定位像扫描。若偏差较大,则需重新摆位。

确认定位准确后,由所得的三平面定位像确定对体模各个测试层面的横断位扫描,建议的扫描位置和层数如图 10-42 及图 10-43 所示。扫描层数为 5,每一层可单独调整扫描的角度。参数设置及定位完毕后,点击"Proceed",开始序列扫描。扫描结束后,所得到的图像由上到下分别如图 10-11 所示。

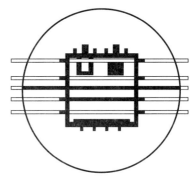

图 10-43　扫描层定位及层数示意图

三、检测参数的测量

检测参数的测量方法均同本章第一节。

第四节　PHILIPS Achieva 3.0T TX 型医用磁共振成像设备质量控制检测-ACR 体模

一、检测条件

1. 环境条件

温度:23 ℃±5 ℃。

相对湿度:50%±15%。

大气压力:(86.0~106.0)kPa。

2. 检测设备

① 磁共振线圈配套均匀模体。

② MRI 专用性能测试模体:应符合 ACR(美国放射学院)、NEMA(美国电器制造者协会)、AAPM(美国医学物理师协会)或者其他权威机构推荐的技术要求,至少能够完成信噪比、伪影、图像均匀度、空间分辨力、低对比度分辨力、空间线性度和层厚 7 项检测项目的检测。本检测实例以 ACR 为例。

3. 磁场强度计

测量范围 0 T~3 T,分辨力为 0.1 mT。

二、检测前准备

体模的准备:在贮存及运输过程中,体模内可能会出现气泡附着在内部检测部件上,需要尽量去除气泡,使得各成像检测层面不受影响方能进行检测。

三、体模的摆位

将 ACR 体模水平放置在扫描床上已装好的头部线圈内,测试模体置于线圈中间,每次放置体模在位置上保持不变是至关重要的,以保证测量的可重复性。为定位方便,将体模上的所刻标记送入磁体等中心位置即可。黑色交叉标志线表示 ACR 体模的前面(此面标记为"NOSE")(图 10-44)。具体操作同本章第三节。

图 10-44　激光定位灯对准 ACR 体模的前面"NOSE"标记

四、参数设置

体模摆放就绪后,在扫描主机工作站进行扫描信息登记以及扫描参数的设定。

1. 扫描信息登记

同本章第三节操作。

2. 扫描参数设置

检测通常采用自旋回波序列扫描,从序列库中分别调出定位像扫描序列、校正序列以及自旋回波序列,使用鼠标左键将选中的序列拖入左下方扫描序列区域。具体操作同本章第三节。

自旋回波序列具体参数如下:

TR/TE:500 ms/20 ms。

扫描矩阵:256×256。

层厚:5 mm。

层间距:5 mm。

扫描野 FOV:25 cm。

接收带宽:20.48 kHz 或 156 Hz/pixel。

采集次数:1 次。

扫描过程不使用并行采集技术及失真校正、强度校正等内部校准技术,详细记录下列检测条件参数:

(1) 脉冲序列;

(2) 扫描时间参数(TR、TE、TI 等);

(3) 层数、层厚、层距、FOV、矩阵;

(4) RF 脉冲触发角度、接收带宽和成像中所用的任何处理过程等;

(5) 线圈、模体;

(6) 激励次数。

每次检测模体的摆放与定位要保持一致,才能保证检测结果的一致性。除非特殊需要,保证模体放置于磁场的绝对中心,模体进入磁体中心后必须静置 5 min 后进行扫描。

五、扫描

定位后,进行三平面定位像的扫描,由所得到的三平面定位像确定对模体各横断位断层的扫描。ACR 模体在矢状位上定轴位时，从 ACR 模体最下端 45°楔形边相交的顶点开始，到最上端 45°楔形边相交的顶点结束，按照规定扫描 11 层（图 10-45）。

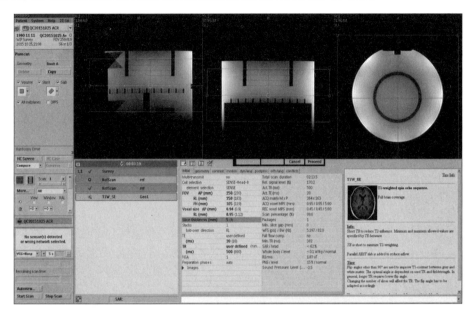

图 10-45　ACR 模体在矢状位上定轴位，从下到上共扫描 11 层

在确认定位正确后，可以由所得的三平面定位图像确定对体模各个测试层面的横断位扫描，建议的扫描位置和层数如图 10-45 及图 10-22 示意图所示。参数设置及定位完毕，点击"Proceed"，序列开始扫描。扫描结束后，对应的轴位像分别如图 10-23 所示。

六、检测参数的测量

检测参数的测量方法均同本章第二节。

第五节　GE Discovery MR750 3.0T 型医用磁共振成像设备质量控制检测-SMR170 体模

一、GE Discovery MR750 3.0T 型医用磁共振成像设备简介

GE Discovery MR750 3.0T MRI 设备是目前国际较领先的 3.0T 磁共振机型，对于神经系统、心血管系统、上下腹、盆腔、骨骼肌肉和关节等方面的疾病具有不可替代的诊断价值，同时它通过光纤传输、128 通道射频平台等技术的应用，实现了科研开发与临床应用的重大突破。该设备主要由超导磁体、电子柜、射频线圈、计算机系统、检查床等组成。

二、GE Discovery MR750 3.0T 型医用磁共振成像设备的质量控制检测

1. 检测条件

（1）环境条件

温度：23 ℃±5 ℃。

相对湿度：50％±15％。

大气压力:86.0 kPa～106.0 kPa。

（2）检测设备

① 磁共振线圈配套均匀模体。

② MRI专用性能测试模体:应符合ACR(美国放射学院)、NEMA(美国电器制造者协会)、AAPM(美国医学物理师协会)或者其他权威机构推荐的技术要求,至少能够完成信噪比、伪影、图像均匀度、空间分辨力、低对比度分辨力、空间线性度和层厚7项检测项目的检测。本检测实例以SMR170为例。

（3）磁场强度计

测量范围0 T～3 T,分辨力为0.1 mT。

2. 检测前准备

体模的准备:在贮存及运输过程中,体模内可能会出现气泡附着在内部检测部件上,需要尽量去除气泡,使得各成像检测层面不受影响方能进行检测。

3. 体模的摆位

首先把模体水平放置在扫描床上已装好的头部线圈内,测试模体置于线圈中间,用水平仪检查是否水平(图10-46),其轴与扫描孔的轴平行,按下控制装置上的激光定位灯按钮,激光定位灯被打开,会直接出现一个可见的红色十字线。按进床按钮，移动检查床床面,使十字交叉线对准模体的中心,然后按一下中心位置按钮，接着按前进至扫描，直到检查床自动停到磁体等中心。

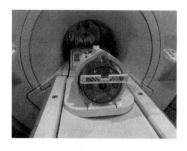 

(a)沿X轴方向水平　　　　　　　　(b)沿Z轴方向水平

图10-46　使用水平仪检查模体摆放是否水平

4. 参数设置

体模摆放就绪后,在扫描主机工作站进行扫描信息登记以及扫描参数的设定。

（1）扫描信息登记

在MRI的扫描界面,鼠标左键单击，进入患者信息登记界面(图10-47),对患者扫描信息进行登记。根据要求填好信息(图10-48),然后点击"Save",进入序列选择界面(图10-49)。逐级选择"GE-Adult-Head-Brain Routine",打开序列文件夹,选取定位像序列、校正序列与轴位自旋回波T1WI序列,点击加入扫描队列(图10-50)。点击"Accept",随后弹出SAR选择窗口(图10-51),均选择"First Level",点击"Accept",进入扫描开始界面(图10-52)。点击"Save Rx"保存,接着点击"Scan",开始三平面定位像扫描及校正序列扫描。

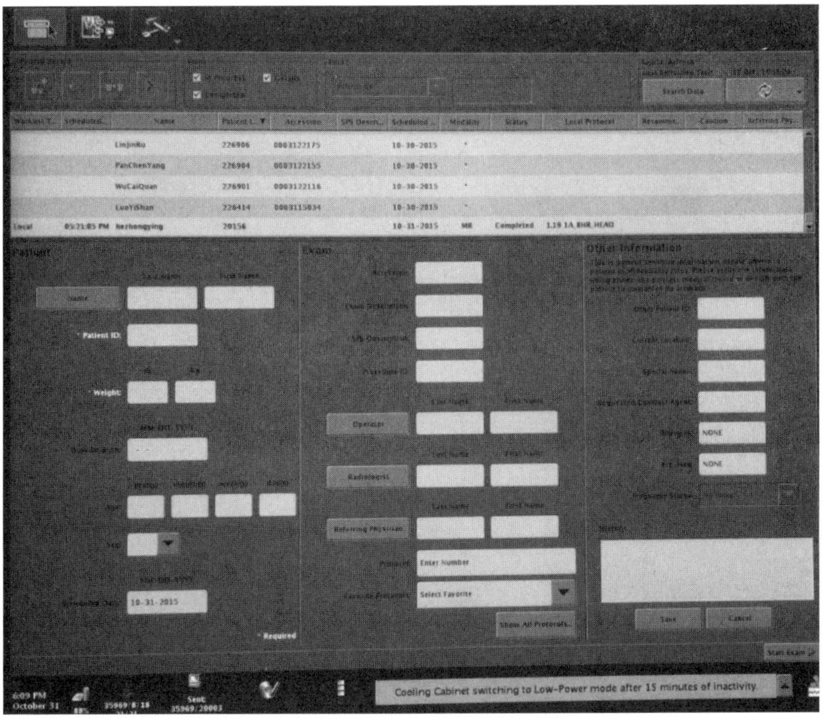

图 10-47 扫描信息登记界面

图 10-48 扫描信息登记完成界面

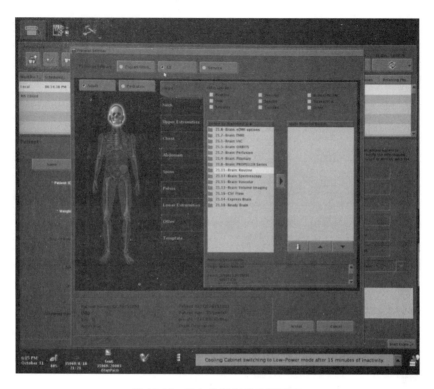

图 10-49　进入选择扫描序列界面

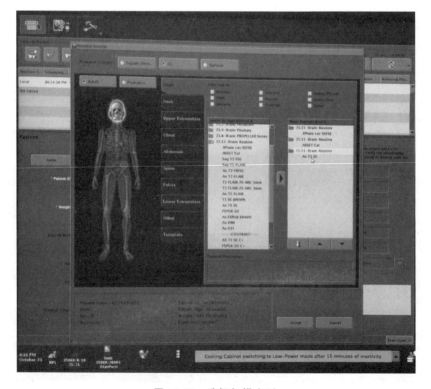

图 10-50　选择扫描序列

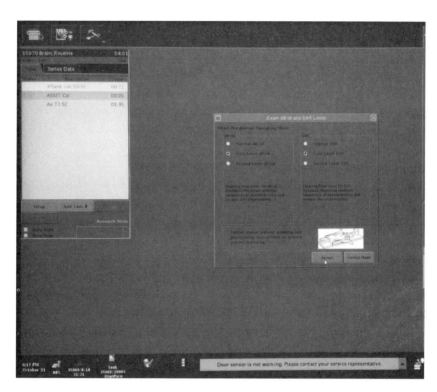

图 10-51　SAR 水平选择窗口

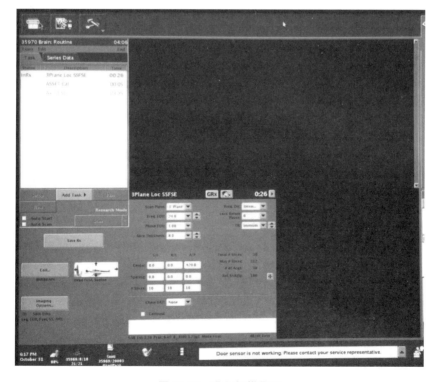

图 10-52　进入扫描界面

（2）扫描参数设置

检测通常采用自旋回波序列扫描。

自旋回波序列具体参数如下：

TR/TE：500 ms/30 ms。

扫描矩阵：256×256。

层厚：5 mm。

扫描野 FOV：25 cm。

接收带宽：20.48 kHz 或 156 Hz/pixel。

采集次数：1 次。

扫描过程不使用并行采集技术及失真校正、强度校正等内部校准技术，各参数设置如图 10-53 所示，详细记录下列检测条件参数：

① 脉冲序列；

② 扫描时间参数（TR、TE、TI 等）；

③ 层数、层厚、层距、FOV、矩阵；

④ RF 脉冲触发角度、接收带宽和成像中所用的任何处理过程等；

⑤ 线圈、模体；

⑥ 激励次数。

每次检测模体的摆放与定位要保持一致，才能保证检测结果的一致性。除非特殊需要，保证模体放置于磁场的绝对中心，模体进入磁体中心后必须静置 5 min 后进行扫描。

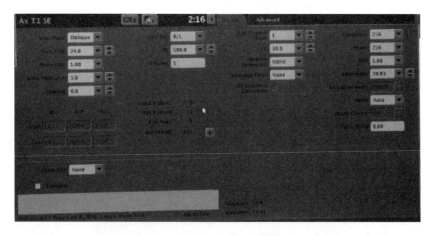

图 10-53　扫描参数设置

5. 扫描

定位像扫描完毕后将图像拖到查看图像框，然后在冠状位、矢状位和轴位三平面定位像上对自旋回波序列进行轴位扫描层面定位（图 10-54）。

如果体模定位准确，则如图 10-54 所示，正方形两侧的短线条长短一致，左右水平且分布对称。如果体模摆放存在偏差，致使体模的中心与扫描中心不一致，则两侧的短线条分布不对称。此时，若偏差较小（偏差角度为 1°左右），重新调整后进行二次定位像扫描。若偏差较大，则需重新摆位。

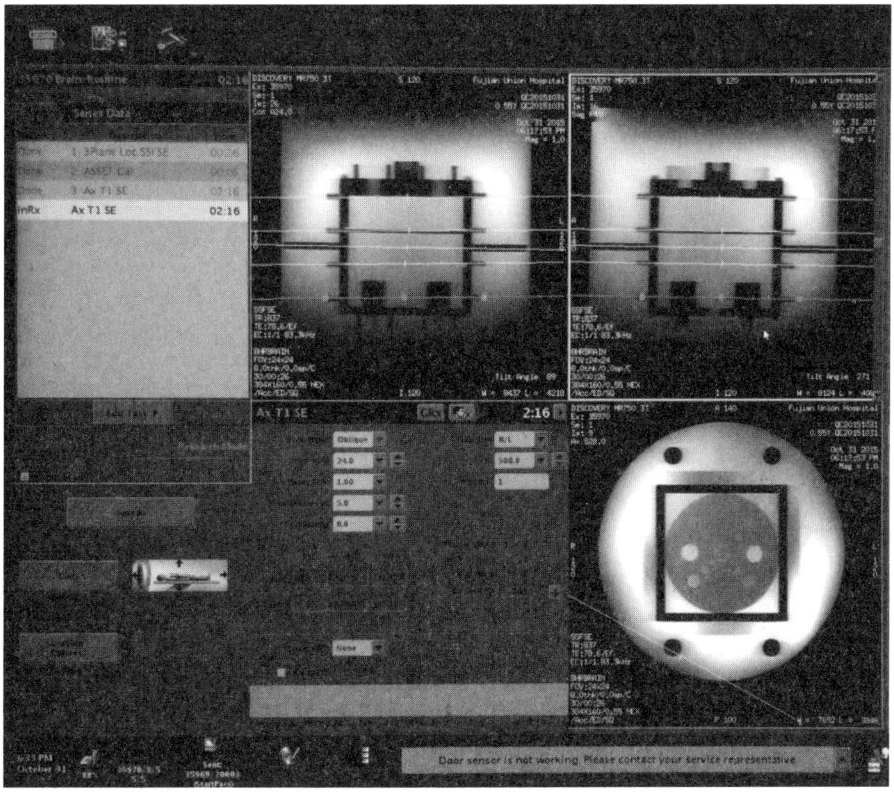

图 10-54 体模扫描层面定位图

确认定位准确后,由所得的三平面定位像确定对体模各个测试层面的横断位扫描,建议的扫描位置和层数如图 10-54 及图 10-10 所示。扫描层数为 5,每一层可单独调整扫描的角度。参数设置及扫描定位完毕后,点击 Save Rx,接着点击 Scan,开始序列扫描。扫描结束后,所得到的图像由上到下分别如图 10-11 所示。

三、检测参数的测量

检测参数的测量方法均同本章第一节。

第六节 GE Discovery MR750 3.0T 型医用磁共振成像设备质量控制检测-ACR 体模

一、检测条件

1. 环境条件

温度:23 ℃±5 ℃。

相对湿度:50%±15%。

大气压力:(86.0～106.0) kPa。

2. 检测设备

① 磁共振线圈配套均匀模体。

② MRI 专用性能测试模体:应符合 ACR(美国放射学院)、NEMA(美国电器制造者协会)、AAPM(美国医学物理师协会)或者其他权威机构推荐的技术要求,至少能够完成信噪比、伪影、图像均匀度、空间分辨力、低对比度分辨力、空间线性度和层厚 7 项检测项目的检测。本检测实例以 ACR 为例。

3. 磁场强度计

测量范围 0 T~3 T,分辨力为 0.1 mT。

二、检测前准备

体模的准备:在贮存及运输过程中,体模内可能会出现气泡附着在内部检测部件上,需要尽量去除气泡,使得各成像检测层面不受影响方能进行检测。

三、体模的摆位

将 ACR 体模水平放置在扫描床上已装好的头部线圈内,测试模体置于线圈中间,每次放置体模在位置上保持不变是至关重要的,以保证测量的可重复性。为定位方便,将体模上的所刻标记送入磁体等中心位置即可。黑色交叉标志线表示 ACR 体模的前面(此面标记为"NOSE")(图 10-55)。具体操作同本章第五节。

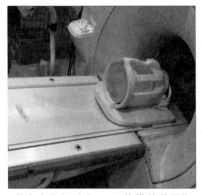

图 10-55　激光定位灯对准 ACR 体模的前面"NOSE"标记

四、参数设置

体模摆放就绪后,在扫描主机工作站进行扫描信息登记以及扫描参数的设定。

1. 扫描信息登记

同本章第五节操作。

2. 扫描参数设置

检测通常采用自旋回波序列扫描。具体操作同本章第五节。

自旋回波序列具体参数如下:

TR/TE:500 ms/20 ms。

扫描矩阵:256×256。

层厚:5 mm。

层间距:5 mm。

扫描野 FOV:25 cm。

接收带宽:20.48 kHz 或 156 Hz/pixel。

采集次数:1 次。

扫描过程不使用并行采集技术及失真校正、强度校正等内部校准技术,详细记录下列检测条件参数:

(1)脉冲序列;

（2）扫描时间参数（TR、TE、TI 等）；

（3）层数、层厚、层距、FOV、矩阵；

（4）RF 脉冲触发角度、接收带宽和成像中所用的任何处理过程等；

（5）线圈、模体；

（6）激励次数。

每次检测模体的摆放与定位要保持一致，才能保证检测结果的一致性。除非特殊需要，保证模体放置于磁场的绝对中心，模体进入磁体中心后必须静置 5 min 后进行扫描。

五、扫描

定位后，进行三平面定位像的扫描，由所得到的三平面定位像确定对模体各横断位断层的扫描。ACR 模体在矢状位上定轴位时，从 ACR 模体最下端 45°楔形边相交的顶点开始，到最上端 45°楔形边相交的顶点结束，按照规定扫描 11 层（图 10-56）。

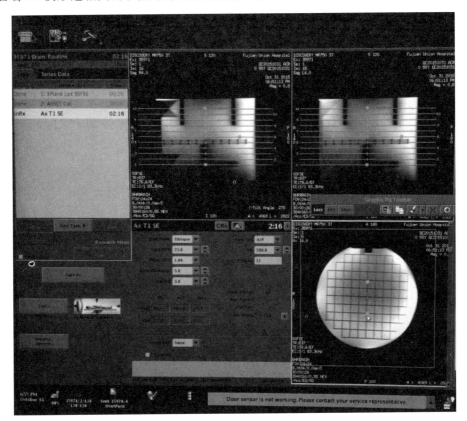

图 10-56　ACR 模体在矢状位上定轴位，从下到上共扫描 11 层

在确认定位正确后，可以由所得的三平面定位图像确定对体模各个测试层面的横断位扫描，建议的扫描位置和层数如图 10-56 及图 10-22 示意图所示。参数设置及定位完毕，点击 Save Rx，接着点击 Scan，序列开始扫描。扫描结束后，对应的轴位像分别如图 10-23 所示。

六、检测参数的测量

检测参数的测量方法均同本章第二节。

附　录

一、SMR170 模体检测记录表

全军大型医疗设备应用质量检测研究中心

报告编号 第 1 页共 3 页

MRI 原始记录

1. 基本信息

受检单位		检测地点	
检测类别		生产厂家	
设备型号		出厂编号	
生产日期		启用日期	
检验依据	《磁共振成像装置应用检测与评审标准》		

2. 检测设备

设备名称	设备型号	设备编号
MRI 性能测试体模	Magphan SMR 170	
磁场强度测试仪	THM7025	

3. 环境条件

环境温度		大气压强	
相对湿度		电源电压/频率	

4. 检测项目及数据记录

4.1　信噪比与均匀度的测量

层厚：　　　　　　　　　　　　　　区域大小：

T_1	正方形内区域								
	1	2	3	4	5	6	7	8	9
S									
SD									

T_1	周围背景区域				
	1	2	3	4	平均值
S'					

SNR（信噪比）			
S_{max}	S_{min}		U（均匀性）

全军大型医疗设备应用质量检测研究中心

层厚：　　　　　　　　　　　　　　区域大小：

T_2	正方形内区域								
	1	2	3	4	5	6	7	8	9
S									
SD									

T_2	周围背景区域				
	1	2	3	4	平均值
S'					
SNR(信噪比)					
S_{max}		S_{min}		U(均匀性)	

4.2　相位编码伪影测量

中心	边缘	四角					相位编码伪影
		1	2	3	4	平均值	

4.3　线性度的测量

编码方向		测量值(mm)	线性度	平均值
频率	80 mm			
	40 mm			
	20 mm			
相位	80 mm			
	40 mm			
	20 mm			

4.4　空间分辨力的测量

层厚(mm)	测量值(LP/cm)		
	256×256	512×512	1 024×1 024

4.5　低对比度灵敏度的测量

层厚：

靶的直径	靶的深度			
	2.0 mm	1.0 mm	0.75 mm	0.5 mm
10 mm				
6 mm				
4 mm				

全军大型医疗设备应用质量检测研究中心

层厚：

靶的直径	靶的深度			
	2.0 mm	1.0 mm	0.75 mm	0.5 mm
10 mm				
6 mm				
4 mm				

注：在可分辨的格中打勾√；在不可分辨的格中打叉×。

4.6 静磁场中心强度偏差的测量

标称值（T）	测量值（T）				偏差（%）
	1	2	3	平均值	

4.7 层厚的测量

层厚：

	斜面	A(X)	B(X)	C(Y)	D(Y)
模块 1	背景值				
	临界值				
	平均值				
	测量值（mm）				
	FWHM（mm）				
	层厚偏差（%）				
模块 2	背景值				
	临界值				
	平均值				
	测量值（mm）				
	FWHM（mm）				
	层厚偏差（%）				

检测人：   检测日期：

审核人：   审核日期：

二、ACR 模体检测记录表

基于 ACR 模体的 MRI 质量检测数据记录表

共振频率（MHz）		空间分辨力	左右（mm）		顶底（mm）	
射频增益		低对比度分辨力	轮辐数			
信号噪声比（SNR）	中心区域信号强度	噪声标准偏差	SNR = 中心区域信号强度噪声标准偏差			
图像均匀性（200 cm²）	信号最小值	信号最大值	PIU=(1−(high−low)(high+low))×100%			
几何精度	X 测量值	Y 测量值	Z 测量值	测量误差	X Y Z	
				100%×（测量值－理论值)/理论值		
层厚	顶斜坡长（mm）		底斜坡长（mm）			
	层厚=0.2×(顶×底)/(顶＋底)		计算结果			
磁场强度	标称值	实测值			误差	

注：1.几何精度计算式中 Z 方向理论值是 148 mm，X 和 Y 为 150 mm。

　　2.扭曲变形计算式中理论值是 150 mm。

参 考 文 献

[1] 杨正汉,冯逢,王霄英.磁共振成像技术指南(第二版)[M].北京:人民军医出版社,2011.

[2] 任国荃,刘晓军.磁共振成像设备应用质量检测技术与评审[M].北京:人民军医出版社,2005.

[3] 赵海涛.磁共振成像原理及应用[M].西安:第四军医大学出版社,2004.

[4] 冯庆宇.第六讲 核磁共振成像装置(MRI)质量控制与实施保证[J].中国医疗设备,2011,26(1):151-155.

[5] 徐桓,赵庆军,潘世越,等.不同磁共振层厚测试体模与测试方法的比较研究[J].中国医学装备,2013,10(12):42-43.

[6] 倪萍,陈自谦,马继民,等.大型医疗设备保障决策的若干问题探讨[J].中国医疗设备,2013,28(5):75-77.

[7] 倪萍,陈自谦.临床工程师在 MRI 质量保证和控制中的职能探讨[J].医疗卫生装备,2008,29(6):99-101.

[8] 张效平,周全红.浅谈磁共振设备的日常维护与保养[J].中国医疗设备,2013,28(6):147-148.

[9] 蔡葵.磁共振质量控制和质量保证在临床工作和科学研究中的意义[J].中国医疗设备,2008,23(7):139-142,155.

[10] 黄敏华,钱明珠,张风雷,等.磁共振日常工作质量控制实施方案[J].医疗卫生装备,2010,31(4):320.

[11] 刘海滨,张蔚.磁共振图像伪影的产生机理及其解决办法的研究[J].中国医疗设备,2011,26(10):114-117.

[12] 孙继江,何晓彬,步岩生.3.0T 高场强核磁共振设备机房布局及施工准备[J].中国医学装备,2013,10(10):53-55.

[13] 王恒地.磁共振成像设备影像质量控制标准和流程[J].中国医疗设备,2013,28(12):19-23.

[14] 赵建喜.磁共振成像设备的验收测试与质量保证程序(一)[J].中国医疗设备,2013,28(9):12-15.

[15] 李成,葛剑徽.MRI 质量检测图像参数自动评价系统的设计分析[J].医疗卫生装备,2013,34(10):25-26,34.

[16] 徐桓,赵庆军,张秋实.一种磁共振成像装置质量控制测试体模的研制[J].中国医学装备,2014,11(10):83-85.

[17] 李杰.医用磁共振成像(MRI)系统检测方法[J].计量与测试技术,2011,38(12):3-5.

[18] 任国荃,刘晓军.磁共振成像设备应用质量检测技术与评审[M].北京:人民军医出版社,2005:77-93.

[19] 赵庆军,刘晓军,徐桓,等.磁共振图像均匀度及层厚检测方法研究[J].中国医学装备,2015,12(3):12-15.

[20] 倪萍,李磊,陈自谦,等.基于 ACR 标准的 MRI 空间分辨率和低对比度分辨率检测[J].中国医疗设备,2010,25(10):135-137.

[21] 朱小飞,孙颖志.高场强磁共振常见伪影分析[J].医疗卫生装备,2012,33(6):138,140.

[22] 李登维.颅脑 MRI 运动伪影的产生原因和抑制消除办法[J].中国 CT 和 MRI 杂志,2015,13(4):11-13.

[23] 钟美花,易本清,吕敦召,等.BLADE 技术在肩关节 MR 成像中的应用[J].中国医学装备,2014,11(8):160-161.

[24] 唐利荣,蒋韩琴,冯建国.BLADE 技术在脑肿瘤术后 3.0T 磁共振检查中的临床应用价值[J].中国医学装备,2014,11(8):284-286.

[25] 官能成,倪萍,陈自谦.基于 ACR 体模的磁共振质量控制自动评价系统[J].医疗卫生装备,2015,36(8):95-97,112.

[26] 倪萍,陈自谦,张鲁闽,等.高场磁共振应用安全和质量控制的规范化管理[J].中国医疗设备,2011,26(2):1-4.

[27] 倪萍,陈自谦.磁共振质量保证和质量控制若干问题的探讨[J].中国医疗设备,2008,23(6):87-89.

[28] 倪萍,陈自谦.临床工程师在 MRI 质量保证和控制中的职能探讨[J].医疗卫生装备,2008,(6):105-107.

[29] 倪萍,赵明,陈自谦.MRI 磁体技术的发展历程及展望[J].中国医疗设备,2013,28(10):6-10.

[30] Ziqian Chen,Ping Ni,Yuning Lin,et al. Visual pathway lesion and its development during hyperbaric oxygen treatment:A Bold-fMRI and DTI study[J].Journal of Magentic Resonance Imaging,2010,31(5):1054-1060.

[31] Ziqian Chen,Ping Ni,Hui Xiao,et al. Changes in brain function and anatomical structure following treatment of hyperbaric oxygen for visual pathway abnormalities in 16 cases:Evaluation of functional magnetic resonance imaging combined with diffusion tensor imaging[J].Neural Regeneration Research,2008,3(2):117-123.

[32] Ziqian Chen,Hui Xiao,Biyun Zhang,et al. MRI and diffusion tensor imaging in assessing correlation of activation of cortical motor function and manifestations of corticospinal tract with muscle strength in patients with ischemic stroke[J].Neural Regeneration Research,2006,1(1):56-59.

[33] Ziqian Chen,Ping Ni,Hui Xiao,et al. Characters of MRI diffusion tensor imaging in cerebral ischemic corticospinal tract injury[J].Neural Regeneration Research,2006,1(2):97-102.

[34] Ziqian Chen,Hui Xiao,Ping Ni,et al. Obseration of activation status of motor-related

cortex of patients with acute ischemic stroke through functional magnetic resonance imaging[J]. Neural Regeneration Research,2006,1(3):221-225.

[35] 陈自谦,倪萍,钱根年,等.PROPELLER FSE 磁共振扩散加权技术在诊断超急性和急性脑梗死中的价值[J].临床放射学杂志,2007,26(11):1071-1075.

[36] 陈自谦,倪萍,李天然,等.数字化时代医学影像学科建设与管理相关问题探讨[J].医疗卫生装备,2007,28(1):43-45.

[37] 陈自谦,肖慧,倪萍,等.三维 MRA 技术在肝脏血管成像中的应用研究[J].中国临床医学影像杂志,2008,19(2):81-86.

[38] 陈自谦,倪萍,等.规范化作业是数字化影像质量控制和管理的根本保证[J].医疗卫生装备,2009,30(1):88-91.

[39] 钱根年,陈自谦,钟群,等.磁共振弥散加权成像技术在脑梗死诊断中的应用价值[J].中国医疗设备,2013,28(5):149-151.

[40] 陈建新,付丽媛,陈坚,等.GE 1.5 T 磁共振设备的水冷机原理、故障维修与保养[J].医疗卫生装备,2013,34(8):365.

[41] 倪萍,张英魁,王小燕,等.多模态磁共振成像技术在乳腺癌早期诊断及分期中的应用[J].中国医疗设备,2013,28(10):11-15.

[42] 钱根年,陈自谦,钟群,等.MRI 磁敏感加权成像技术在颅脑血管性病变诊断中的价值[J].中华实用诊断与治疗杂志,2014,28(2):188-190.

[43] 张健,倪萍.磁共振横向弛豫时间测量方法的研究[J].中国医疗设备,2013,28(10):24-26.

[44] 付丽媛,梁永刚,倪萍,等.3.0T 磁共振成像系统的质量控质检测[J].中国医学装备,2016,13(3):25-28.

[45] 付丽媛,梁永刚,倪萍,等.磁共振成像的伪影及应对策略[J].中国医学装备,2016,13(4):20-24.